清华社"视频大讲堂"大系

CG 技 术 视 频 大 讲 堂

Photoshop 案例实战

从入门到精通

敬伟 ⊙编著

U0387740

清華大學出版社

北 京

内容简介

本书是学习Photoshop软件的进阶教程。通过本书,读者将深入认识Photoshop,了解该软件的各类工具与功能;再通过学习图层、选区、填充、蒙版、图层样式、智能对象、混合模式、调色命令、抠图、滤镜等软件功能,完成一系列的案例练习。本书案例丰富,涉及多个领域,综合多种知识,涵盖了中高级技术要点。本书精彩案例配套高清视频讲解,方便读者跟随视频动手练习。读者可通过基本理论了解原理,通过基本操作掌握软件技能,通过案例实战领会设计思路,将知识系统化并进行综合应用,实现创意的发挥,让读者的能力上升到一个新的水平。

本书适合想要快速掌握Photoshop的入门者阅读,也可帮助有一定基础的人员深造,还可以作为学校或培训机构的教学参考书籍。

图书在版编目(CIP)数据

Photoshop案例实战从入门到精通 / 敬伟编著. ——北京:清华大学出版社,2022.1 (2025.1重印)
(清华社"视频大讲堂"大系CG技术视频大讲堂)
ISBN 978-7-302-59806-0

Ⅰ. ①P… Ⅱ. ①敬… Ⅲ. ①图像处理软件 Ⅳ. ①TP391.413

中国版本图书馆CIP数据核字(2021)第276197号

责任编辑:贾小红
封面设计:滑敬伟
版式设计:文森时代
责任校对:马军令
责任印制:杨 艳

出版发行:清华大学出版社
        网   址:https://www.tup.com.cn,https://www.wqxuetang.com
        地   址:北京清华大学学研大厦A座   邮   编:100084
        社 总 机:010-83470000   邮   购:010-62786544
        投稿与读者服务:010-62776969,c-service@tup.tsinghua.edu.cn
        质量反馈:010-62772015,zhiliang@tup.tsinghua.edu.cn
印 装 者:三河市铭诚印务有限公司
经   销:全国新华书店
开   本:203mm×260mm   印   张:21   字   数:758千字
版   次:2022年2月第1版   印   次:2025年1月第6次印刷
定   价:108.00元

产品编号:093762-01

前言
Preface

Photoshop是当前最为流行的数位图像处理软件，具有图像处理、平面设计、交互设计、数码绘画、视频动画、3D图形等多方面的功能，广泛应用于视觉文化创意等相关行业。摄影、数码后期设计，平面设计，UI设计，游戏/动画美术设计，漫画/插画，影视特效，工业设计，服装设计，图案设计，包装设计等岗位的从业人员或多或少都会用到Photoshop软件。使用Photoshop处理图像是上述人员必备的一项技能。

关于本书

只会Photoshop基础操作，具体应用无从下手；找不到合适的案例练习，没有对应的素材；操作软件效率低，方法不对路；对课题没想法，不知创意如何与软件结合……是不是感觉如同刚会走，还跑不起来？本书可以帮读者解决这些方面的烦恼。

本书非常适合零基础的Photoshop入门者，也适合有一定基础的人员进阶学习。读者可以通过本书大量的案例教学，让Photoshop技能上升到一个新的水平。本书涵盖了多个领域的实战案例，可以从不同的角度入手，学习多方面的创意设计和图像处理思路。零基础入门者可以从基本工具、基础命令学起，迅速学会基本操作。通过本丛书的《Photoshop中文版从入门到精通》，读者可以学习更加全面详尽的基础知识。有一定基础的读者可直接阅读本书案例的图文步骤，配合精彩的视频讲解，学会动手创作。

本书分为两大部分：A入门篇、B案例篇，另外，在本书内容的基础上，有多门专业深化课程延展。

A入门篇偏重于介绍软件的基本必学知识，从零认识Photoshop，了解其主界面，掌握术语和概念；学会基本工具操作，包括图层、选区、路径形状、颜色、图层样式、滤镜等，为B篇的案例学习做好基础准备。

B案例篇是本书的重点，分为修图调整、设计制作、文字效果、图像特效、合成效果、调色润色、动画三维七大类别，全面覆盖了Photoshop的软件功能和实际应用。

读者还可以学习与本书相关联的专业深化课程，集视频课、直播课、辅导群等多种组合服务于一体，在本书的基础上追加了更多专业领域的Photoshop实战案例，更具有商业应用性，更贴近行业设计趋势，有多套实战课程可以选择并持续更新，附赠海量资源素材，完成就业水准的专业训练。读者可以关注"清大文森学堂"微信公众号了解更多信息。

视频教程

除了以图文方式学习之外，书中综合案例配有二维码，扫描二维码即可观看对应的视

频教程。你不止买到了一本好书，而且还获得了一套优质的视频课程！视频中完整展示了案例的操作过程，并配有详细的步骤讲解。视频课程为高清录制，制作精良，讲解清晰，利于学习。

本书模块

◆ 基础讲解：零基础入门的新手通过阅读图书学习最基本的概念、术语等必要的知识，以及各种工具和功能命令的操作和使用方法。

◆ 应用技巧：提炼最实用的软件应用技巧以及快捷操作，可提高工作、学习效率。

◆ 实例练习：实例练习是学习基础知识和操作之后的基础案例练习，是趁热打铁的巩固性训练，难度相对较小，操作步骤描述比较详细，一般没有视频讲解，是纸质书特有的案例，只需跟随书中的详细步骤操作，即可完成练习。

◆ 综合案例：综合运用多种工具和命令，制作创意与实践相结合的进阶案例。除了书中有步骤讲解，还配有高清视频教程，扫码即可观看。

◆ 作业练习：书中提供基础素材，提供完成后的参考效果，并介绍创作思路，由读者完成作业练习，实现学以致用。如果需要作业辅导与批改，请看下文"教学辅导"模块关于清大文森学堂在线教室的介绍。

◆ 配套素材：扫描本书封底二维码即可获取全套课程素材下载地址。

另外，本书还有更多增值延伸内容和服务模块，请读者关注清大文森学堂（www.wensen.online）了解。

◆ 专业深化课程：扫码进入清大文森学堂-设计学堂，了解更进一步的课程和培训，课程门类有电商设计、UI设计、平面设计、插画设计、摄影后期等，也可以专业整合一体化来学习，有着非常完善的培训体系。

清大文森学堂-设计学堂

◆ 教学辅导：清大文森学堂在线教室的教师可以帮助读者批改作业、完善作品、直播互动、答疑演示，提供"保姆级"的教学辅导工作，为读者梳理清晰的思路，矫正不合理的操作，以多年的实战项目经验为读者的学业保驾护航。详情可进入清大文森学堂-设计学堂了解。

◆ 读者社区：读者选择某门课程后，即加入了由一群志同道合的人组成的学习社区。清大文森学堂为读者架构了学习社区。读者可以在清大文森学堂认识诸多良师益友，让学习之路不再孤单。在社区中，还可以获取更多实用的教程、插件、模板等资源，福利多多，干货满满，交流热烈，气氛友好，期待读者加入。

加入社区

◆ 考试认证：清大文森学堂是Adobe中国授权培训中心，是Adobe官方指定的考试认证机构，可以为读者提供Adobe Certified Professional（ACP）考试认证服务，颁发Adobe国际认证ACP证书。

关于作者

敬伟，全名滑敬伟，Adobe国际认证讲师，清大文森学堂高级讲师，著有数套设计教育系列课程。作者总结多年来的教学经验，结合当下最新软件版本，编写成系列软件教程书，以供读者参考学习。其中包括《Photoshop从入门到精通》《Illustrator从入门到精通》《After Effects从入门到精通》《Premiere Pro从入门到精通》等多部图书与配套视频课程。

本书由清大文森学堂出品，清大文森学堂是融合课程创作、图书出版、在线教育等多方位服务的教育平台。本书由敬伟完成主要编写工作，参与本书编写的人员还有范强、季鹏飞、刘洋。本书部分素材来自图片分享网站pixabay.com和pexels.com，以及视频分享网站mixkit.co，书中标注了素材作者的用户名，在此一并感谢素材作者的分享。

本书在编写过程中虽力求尽善尽美，但由于作者能力有限，书中难免存在不足之处，还请广大读者批评指正。

目录
Contents

学习建议

☑ 学习流程

　　本书包括入门篇、案例篇两个篇章，由浅入深、层层递进地对 Photoshop 各种不同领域的案例进行了全面、细致的讲解，新手建议按顺序从入门篇开始一步步学起，有一定基础的读者可根据自身情况选择学习顺序。对于完全零基础的读者，推荐先学习本系列丛书之《Photoshop 从入门到精通》。

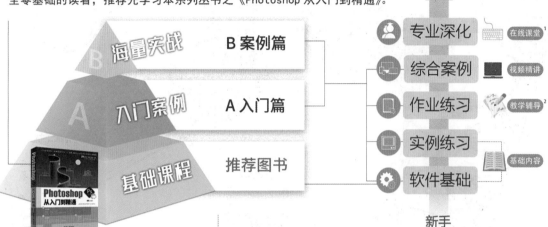

高手

B 海量实战　　B 案例篇
A 入门案例　　A 入门篇
基础课程　　推荐图书

专业深化　　在线课堂[1]
综合案例　　视频精讲
作业练习　　教学辅导[2]
实例练习　　基础内容
软件基础

新手

☑ 配套素材

　　扫描封底左侧的素材二维码，即可查看本书配套素材的下载地址。本书配套素材包括图片、PSD 文件等。

扫描二维码

☑ 学习交流

　　扫描封底左侧或前言文末的二维码，即可加入本书读者的学习交流群，可以交流学习心得，共同进步，群内还有更多福利等您领取！

☑ 学习方式

　　软件基础、实例练习是图书的主要内容，读者可以根据书中的图文讲解学习基础理论与基本操作，再通过实例练习付诸实践。综合案例是进一步的实际操作训练，读者不仅可以阅读分步的图文讲解，还可以通过扫描标题上嵌入的二维码观看视频教程进行学习。

　　书中每一个作业练习都配有作业思路提示，可以根据配套的作业素材和参考效果文件，进行作业项目的制作练习。清大文森学堂更有教学辅导增值服务，可为读者答疑解惑，直播演示案例做法。清大文森学堂还开设了专业深化课程，请关注"清大文森学堂"微信公众号了解更多信息。

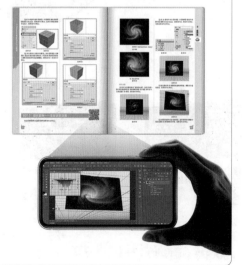

1 "在线课堂"是由清大文森学堂的设计学堂提供的多门专业深化课程，本书读者有优先报名权并可享多项优惠政策。
2 "教学辅导"服务由清大文森学堂教师团队有偿提供。

有料、有趣的PS教程……

Photoshop 学习宝典

有料！有趣！

敬伟 Photoshop 教程

火爆全网的PS视频教程，实战案例更新！

◇ 零基础入门：《Photoshop中文版从入门到精通》+ 96集经典基础视频教程
◇ 实战提升：《Photoshop案例实战从入门到精通》+ 70集综合案例视频教程

A 入门篇

本篇为基础操作部分，读者通过学习可以对 Photoshop 建立基本的认知并初步掌握 Photoshop 的常用功能。每课包含实例练习，通过案例强化技能，实现软件入门。

扫码观看视频课

A01.1　Photoshop 和它的小伙伴们

Photoshop 直译就是"照片商店"，简称 PS，是 Adobe 公司开发的一款图像软件，也是其产品系列 Creative Cloud 中的重要软件，图 A01-1 所示为 Creative Cloud 部分设计软件。

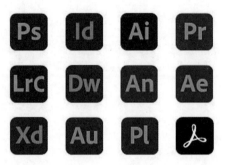

图 A01-1

◆ Ai 即 Adobe Illustrator，是矢量设计制作软件，广泛应用于平面设计、插画设计等领域。它也是 After Effects 重要的配合软件，在制作图形动画的时候，Illustrator 可以发挥强大的设计制作功能。本系列丛书即将推出《Illustrator 从入门到精通》一书（见图 A01-2），以及对应的视频教程和延伸课程，推荐读者同步学习。

◆ Id 即 Adobe Indesign，是用于印刷和数字媒体的版面和页面设计软件，InDesign 具备创建和发布书籍、数字杂志、电子书、海报和交互式 PDF 等内容的功能。本系列丛书也将推出《Indesign 从入门到精通》一书，以及对应的视频教程和延伸课程，推荐读者同步学习。

◆ Pr 即 Premiere Pro，是非线性剪辑软件，广泛用于视频剪辑和交付，本系列丛书同样推出了《Premiere Pro 从入门到精通》一书，以及对应的视频教程和延伸课程，推荐读者学习了解。

《Illustrator 从入门到精通》
敬伟　编著
图 A01-2

◆ Ae 即 After Effects，是图形视频处理软件，可以制作影视后期特效与图形动画，本系列丛书同样推出了《After Effects 从入门到精通》一书，以及对应的视频教程和延伸课程，推荐读者学习了解。

◆ LrC 即 Lightroom Classic，是简单易用的照片编辑与管理软件；Dw，即 Dreamweaver，是制作网页和相关代码的软件；An 即 Animate，是制作交互动画的软件；Xd 即 Adobe XD，是设计网站或应用的用户界面（UI/UX）原型的软件；Au 即 Adobe Audition，是音频编辑处理软件；Pl 即 Prelude，是视频记录和采集工具，可以快速完成粗剪或转码；Adobe Acrobat 是 PDF 文档的编辑软件。除了上述 Adobe 公司推出的软件，还有多种类型的设计制图软件，如 CorelDRAW、Affinity Photo、Affinity Design、Affinity Publisher 等，本系列丛书都将有相关图书或视频课程陆续推出，敬请关注。

A01.2　Photoshop 可以做什么

Photoshop 适用于视觉设计相关行业的图像处理工作，在其各细分行业中，都会涉及 Photoshop 的应用。可以说，有图像的地方，就离不开 Photoshop。

平面设计师	游戏美术师
摄影师	网店美术设计师
UI设计师	工业/产品设计师
视频设计师	珠宝/服装设计师
建筑/室内/环艺设计师	印刷制版设计师
动漫/插画师	相关专业的在校学生
多媒体设计师	图像制作爱好者

1. 照片处理、修图调色

Photoshop 适合摄影师进行照片后期处理、修饰、修复照片，使照片效果得到提升。

2. 图像合成、图像特效

Photoshop 有着诸多图像选择的功能，利用图层和蒙版的结合，可以制作多层图像的合成，还可以通过强大的滤镜和调色功能制作多种图像特效。

3. 平面设计、图文排版

Photoshop 适合平面设计师、美术设计师设计制作平面

作品。比如广告、海报、单页、画册、主图、详情页等。

4. 数码绘制、插画漫画

Photoshop 适合美术师、插画师、服装设计师从事数码绘画创作、草图设计、概念设定设计等，除了使用矢量工具绘制精准图形之外，还可以通过连接手绘板实现实时手绘，创作如同纸张绘画的作品。

5. 界面设计、图形标志

Photoshop 是界面、图形、标志、图标等相关设计的重要工具。

6. 动画制作、视频剪辑

Photoshop 可以制作逐帧动画、关键帧动画、动态图，还可以编辑视频，导出视频文件。

7. 三维设计、三维打印

Photoshop 可以将平面图形、图像转化为立体模型，设置材质灯光，渲染三维场景，甚至支持三维打印。

A01.3　如何简单高效地学习 Photoshop

使用本书学习 Photoshop 大概需要以下流程，清大文森学堂可以为读者提供全方位的教学服务。

零基础入门的新手可以通过阅读图书学习最基本的概念、术语等必要的知识，作为入行前的准备。

1. 了解基本概念

2. 掌握基础操作

软件基础操作也是最核心的操作，读者通过了解工具的用法、菜单命令的位置和功能，可以学会组合使用软件，熟练使用快捷键，达到高效、高质量地完成制作的目的。一回生，二回熟，通过不断训练，一定可以将软件应用得游刃有余。

3. 配合案例练习

书中配有大量案例，读者可以扫码观看视频讲解，学习制作过程，用于在掌握基础知识后完成实际应用训练。只有不断地进行练习和创作，才能积累经验和技巧，发挥出最高的创意水平。

4. 搜集制作素材

书中配有大量同步配套素材、案例练习素材，包括图片、项目源文件等，扫描封底二维码即可获取下载方式，帮助读者在学习的过程中与书中内容实现无缝衔接。读者在学习之后，可以自己拍摄、搜集、制作各类素材，激活创作思维，独立制作原创作品。

5. 教师辅导教学

纵观本"CG 技术视频大讲堂"丛书，纸质图书是一套课程体系中重要的组成部分，同时还有同步配套的视频课程节目，与图书内容有机结合，在教学方式上有多方面互动和串联。图书具有系统化的章节和详细的文字描述，视频节目生动直观，便于操作观摩。除此之外，还有直播课、在线教室等多种教学配套服务可供读者选择，在线教室有教师互

动、答疑和演示，可以帮助读者解决诸多疑难问题，详情可登录清大文森学堂官网或关注微信公众号了解更多。

6. 作业分析批改

初学者在学习案例和作业的时候，一方面会产生许多问题，一方面也会对作品的完成度没有准确的把握。清大文森学堂在线教室的教师可以帮助读者批改作业，完善作品，提供"保姆级"的教学辅导工作，为读者梳理清晰的思路，矫正不合理的操作，以多年的实战项目经验为读者的学业保驾护航。

7. 社区学习交流

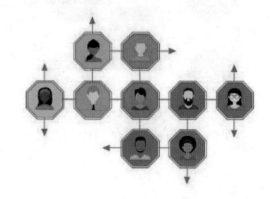

你不是一个人在战斗！读者选择某门课程后，即加入了由一群志同道合的人组成的学习社区。清大文森学堂为读者架构了学习社区。在清大文森学堂您可以认识诸多良师益友，让学习之路不再孤单。在社区中，还可以获取更多实用的教程、插件、模板等资源，福利多多，干货满满，交流热烈，气氛友好，期待你的加入。

8. 学习延伸课程

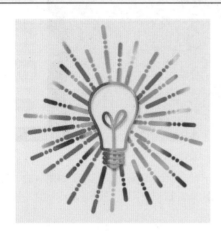

学完本书课程可以达到掌握软件的水平，但只是掌握软件是远远不够的，对于行业要求而言，软件是敲门砖，作品才是硬通货。作品的质量决定了创作者的层次和收入。进入清大文森学堂 - 设计学堂，可以了解更进一步的课程和培训，课程门类有电商设计、UI 设计、平面设计、插画设计、摄影后期等，也可以专业整合一体化来学习，有着非常完善的培训体系。

9. 获取考试认证

清大文森学堂是 Adobe 中国授权培训中心，是 Adobe 官方指定的考试认证机构，可以为读者提供 Adobe Certified Professional（ACP）考试认证服务，颁发 Adobe 国际认证

ACP 证书。ACP 国际证书由 Adobe 全球 CEO 签发，能获得国际接纳和认可。ACP 是 Adobe 公司推出的国际认证服务，是面向全球 Adobe 软件的学习和使用者提供的一套全面科学、严谨高效的考核体系，为企业的人才选拔和录用提供了重要和科学的参考标准。

10. 发布 / 投稿 / 竞标 / 参赛

当你的作品足够成熟、完善时，可以考虑发布和应用，接受社会的评价。比如发布于个人自媒体或专业作品交流平台，还可以参加电影节、赛事活动等，根据活动主办方的要求投稿竞标。ACA 世界大赛（Adobe Certified Associate World Championship）是一项在创意领域面向全世界 13 ～ 22 岁青年学生的重大竞赛活动。清大文森学堂是 ACA 世界大赛的赛区承办者，读者可以直接通过学堂报名参赛。

 读书笔记

A02课

软件的安装与启动

A02.1　下载安装

打开 https://www.adobe.com/cn，在顶部导航栏中单击【支持】-【下载和安装】选项，如图 A02-1 所示。

图 A02-1

在接下来的页面中就可以看到 Photoshop 的付费版与免费试用版，如图 A02-2 所示。按照网站的流程，即可完成付费或下载免费试用版。试用到期后可通过 Adobe 官方网站或软件经销商购买并激活。

图 A02-2

A02.2　Photoshop 启动与关闭

软件安装完成后，在 Windows 系统的【开始】菜单中可以找到新安装的程序，单击 Photoshop 图标启动 Photoshop；在 macOS 中可以在 Launchpad（启动台）里找到 Photoshop 图标，单击即可启动。

启动 Photoshop 后，在 Windows 系统的 Photoshop 中执行【文件】-【退出】菜单命令（Ctrl+Q），即可退出 Photoshop；在 macOS 的 Photoshop 中同样可以按此方法操作，还可以在 Dock（程序坞）的 Photoshop 图标上右击，选择【退出】选项。

A02.3　Photoshop 的颜色方案

默认的 Photoshop 是深色界面，如图 A02-3 所示。可以为 Photoshop 设定界面颜色，以迎合不同用户的操作习惯。执行【编辑】-【首选项】-【界面】菜单命令，可以设定不同的【颜色方案】。为了得到最佳印刷效果，本书使用的是浅色界面，如图 A02-4 所示。而配套视频课程无须考虑印刷问题，则采用默认的深色界面，敬请悉知。

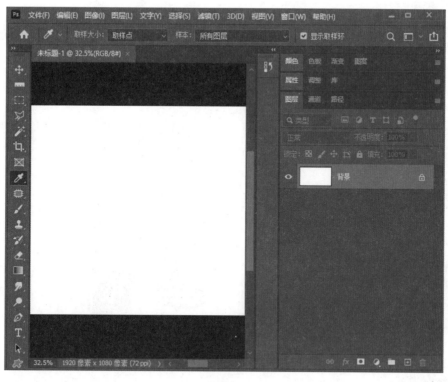

图 A02-3

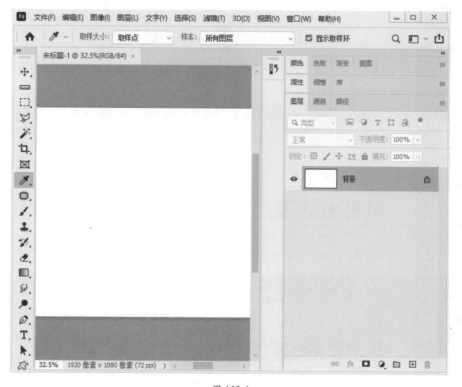

图 A02-4

A03课

常用工具命令

本课介绍 Photoshop 最常用也是最重要的工具和命令，讲解它们的基本操作方法和使用技巧。

A03.1　移动工具

【移动工具】✛在工具栏顶部，快捷键为 V。移动操作主要是针对整体图层或多个图层进行的，也可以针对图层上选区内的像素进行。移动是最基础的操作，有很多使用技巧，下面来详细了解一下。

1. 选择图层

选择【移动工具】之前，先要确保选中相应的图层。可以在对象上右击，在弹出菜单中选择相应图层；或在【图层】面板中选择图层，然后在画布中进行移动。移动对象的时候，光标可以放在画布的任意位置，不必接触对象本身，如图 A03-1 所示。

 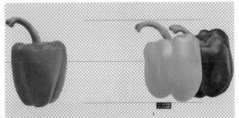

素材作者：OpenClipart-Vectors

(a)

(b)

图 A03-1

2. 自动选择图层

在选项栏中选中【自动选择】复选框，这样单击某个对象即可激活相应图层，从而可以直接移动对象。移动的时候，光标必须在对象的范围内，如图 A03-2 所示。

图 A03-2

3. 约束角度移动

按住 Shift 键并拖曳可以约束角度，向水平、垂直或 45°方向移动。

4. 移动并复制

按住 Alt 键并拖曳即可复制图层。

5. 方向键

使用上、下、左、右方向键，可以对图像进行微调，按住 Shift 键将增大步长。

6. 快捷选择

不选中【自动选择】复选框时，按住 Ctrl 键单击，可以临时切换为自动选择状态。

7. 对齐和分布

选项栏的对齐功能包括顶、底、左、右、居中等多种对齐方式。在对齐时，选择需要对齐的图层后，单击选项栏中的对齐图标即可实现不同方式的对齐。分布的方式分为水平分布和垂直分布两类，如图 A03-3 所示。

图 A03-3

A03.2　画笔工具

【画笔工具】 ✐ 是绘制操作的基础工具，是最直接的创作方式。

1. 画笔基本操作

【画笔工具】的用法就像拿起鼠标画画一样，可以在 Photoshop 中进行绘制操作。

◆ 【画笔工具】的快捷键为 B。除了【画笔工具】之外，还有很多类似于画笔的工具，其用法和选项属性也是通用的，所以掌握了【画笔工具】就可以很快掌握其他一系列的工具。

◆ 使用【画笔工具】时，可以结合 Shift 键来绘制直线；先用画笔点一个点，再按住 Shift 键单击下一个点，两点之间会自动生成直线。

◆ 可以通过设置前景色来改变画笔的颜色；还可以在画笔状态下，按住 Alt 键光标将临时变为【吸管工具】 ✐，吸取画面上的颜色即可设置画笔颜色。

2. 调整画笔的大小和硬度

单击选项栏中的【画笔预设】 ⌂ ✐ ∷ ☑ 按钮即可打开【画笔预设选取器】面板，还可以在画面上用右击的方式打开该面板。在面板中可以设定画笔的大小和硬度，还可以选择画笔预设，在面板的设置菜单中，有【新建画笔预设】【导入画笔】等重要功能，如图 A03-4 所示。

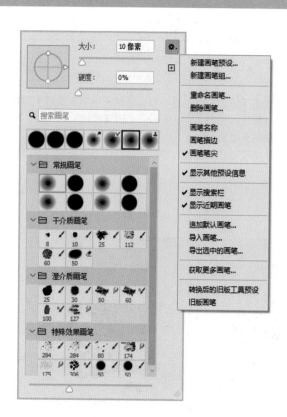

图 A03-4

◆ 画笔大小

可以通过左、右中括号键（[和]）调节画笔大小，按 [键变小，按] 键变大；或者按 Alt+ 鼠标右键水平移动，可以预览画笔大小。

◆ 画笔硬度

可以通过 Shift+[和 Shift+] 快捷键调节画笔硬度；或者按 Alt+ 鼠标右键垂直移动，可以预览画笔硬度。

◆ 设置画笔角度和圆度

可以修改画笔的角度和圆度，比如用鼠标调整之后，画笔的角度和圆度会发生变化，如图 A03-5 所示。

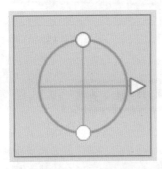 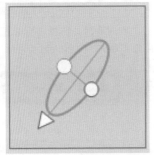

图 A03-5

3. 调整画笔的不透明度和流量

【不透明度】和【流量】选项位于选项栏中，如图 A03-6 所示。

图 A03-6

◆ 【不透明度】用于设置画笔颜色的不透明度，就好比用水调整颜料的浓淡，可以完全不透明，也可以如水彩般半透明。

◆ 【流量】用于设置颜色的轻重，也就是画笔里的颜料流出来多少。当设定为 100% 时，画笔的颜色就流出 100%，而设定为 50% 则一次只能流出 50% 的颜色。

流量和不透明度的区别为：将流量设置为 10%，将不透明度设置为 100%，按住鼠标不松，反复绘制，随着颜料不断流出，会产生叠加效果加重颜色，颜色很快就会变成不透明的；将流量设置为 100%，将不透明度设置为 20%，按住鼠标不松，无论怎么重复绘制，都是 20% 的不透明颜色，是平均的，因为颜料的流量是 100%，不会产生叠加效果，除非松开鼠标再次绘制，才可以产生叠加效果加重颜色。

4. 压力、喷枪和对称

单击【压力】按钮后，可以使用压感笔（数位手写板）的笔尖压力来控制不透明度。压感笔多用于 CG 艺术创作、动漫、插画等领域，如图 A03-7 所示。单击【喷枪】按钮后，可使用喷枪模拟绘画。将指针移动到某个区域时，如果按住鼠标不松，颜料量将会增加。

单击【对称】按钮，可以在弹出的菜单中选择很多对称类型，直接绘制对称的图形，如图 A03-8 所示。

图 A03-7   图 A03-8

5. 新建画笔预设

在【画笔预设选取器】面板菜单中执行【新建画笔预设】命令，把当前画笔的参数设置存储起来，放在预设列表当前的画笔组里，以备下次直接使用。除了当前的画笔大小和属性之外，连当前颜色都可以存储为预设，这样以后使用时就不用反复调节了。

6. 定义画笔预设

在【编辑】菜单中可以找到【定义画笔预设】命令，可以将当前的图像定义为画笔形状，它可以是各种形态，图片、形状等对象都可以用来定义画笔形状。

7. 画笔设置面板

在【画笔工具】的选项栏中可以找到【画笔设置】按钮，单击按钮弹出【画笔设置】面板，如图 A03-9 所示。

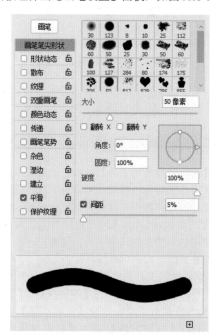

图 A03-9

◆ 【形状动态】：控制画笔大小、角度、圆度方面的动态变化。

◆ 【散布】：控制笔触两侧画笔形状的发散分布。
◆ 【纹理】：可以设置图案纹理作为画笔。
◆ 【双重画笔】：可以设置两种画笔结合的画笔。
◆ 【颜色动态】：可以设置颜色的动态变化。
◆ 【传递】：可以设置不透明度和流量的动态变化。
◆ 【画笔笔势】：设置调整画笔的笔势角度。
◆ 【杂色/湿边】：给画笔添加杂色或湿边的效果。
◆ 【建立】：启用喷枪样式的建立效果。
◆ 【平滑】：用鼠标绘制的平滑处理。
◆ 【保护纹理】：选择其他画笔预设时，保留原来的图案。
◆ 左、右方向键：用于快速调整画笔的角度。

可以同时选中上面这些选项，同时起作用。在每一项后面都有小锁图标用于锁定设置。

SPECIAL 应用技巧

- 按住Alt+鼠标右键时，显示当前画笔的直径、硬度以及不透明度。
- 按住Alt+鼠标右键时，左右拖曳可以快速调整画笔直径。
- 按住Alt+鼠标右键时，上下拖曳可以快速调整画笔硬度。
- 按小键盘的1、2、3数字键会对应改变不透明度为10%、20%、30%，以此类推。

A03.3 油漆桶工具和渐变工具

1. 油漆桶工具

【油漆桶工具】可以通过单击快速填充内容。如果有选区，则只会填充选区内的区域。在选项栏中也可以选择【图案】模式，填充图案纹理。如果背景图片不是单色，而是有很多颜色和内容的照片，【油漆桶工具】会识别类似色来填充。

2. 渐变工具

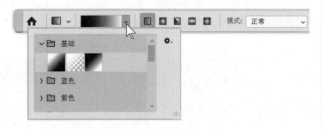

渐变是非常重要的填充内容，使用【渐变工具】可以创作多种样式的渐变效果。【渐变工具】的使用方法为单击并拖曳，拖曳的方向即为渐变的方向。

在选项栏中单击【渐变预览条】的下拉按钮，可以快捷地选择渐变预设。如果直接单击【渐变预览条】，则会弹出【渐变编辑器】窗口，如图 A03-10 所示。

图 A03-10

◆ 在【预设】栏可以使用预设的渐变效果，展开小文件夹可以看到更多渐变效果；还可以单击【导入】按钮，加载外部的 GRD 格式的渐变效果文件。
◆ 在【渐变类型】选项中，最常用的就是【实底】，即过渡式渐变。若使用【杂色】则可以创作出多种随机颜色渐变的效果。要重点掌握【实底】类型的渐变，并学会创作自定义的实底渐变。
◆ 渐变条下方的两个色标用来设定颜色，如果在渐变条的下沿单击，则会创建新的色标，从而创建多种颜色的渐变。选中色标，单击【颜色】后面的色块，可以修改当前色标的颜色。
渐变条上沿的色标是不透明度色标。同样也可以单击

渐变条的上沿，创建新的透明度色标，使渐变条有多种不透明度的变化效果。色标中间的小菱形方块是【颜色中点】游标，拖动游标可以控制渐变走势的比例分配。

渐变有五种形式，分别是【线性渐变】【径向渐变】【角度渐变】【对称渐变】和【菱形渐变】，在选项栏中可以选择相应的形式。

A03.4 修复类工具

1. 污点修复画笔工具

使用【污点修复画笔工具】可以快速去掉图片中的污点或多余元素。该工具可以自动从所修饰区域的周围取样，使用样本进行绘画，并将样本像素的纹理、光照、透明度和阴影与所修复的像素相匹配。【污点修复画笔工具】和【画笔工具】有通用的属性，如画笔大小、硬度等。对于想要修饰的污点，调整好画笔大小单击即可。

【污点修复画笔工具】的选项栏中可以选择三种不同的识别模式，分别为【内容识别】【创建纹理】【近似匹配】。对于一般的污点修复工作，选择【内容识别】即可，这是最智能的模式；【创建纹理】可用于在有规律纹理的背景上修复；【近似匹配】则使用周围的像素来直接匹配修复，如图 A03-11 所示。

素材作者：EME

图 A03-11

2. 仿制图章工具.

使用【仿制图章工具】时要按住 Alt 键拾取仿制源，将图像的一部分绘制到同一图像的另一部分，也可以将图层的一部分绘制到另一个图层。通过【仿制图章工具】可以复制对象，通过复制来修饰类似的区域，或者添加重复元素，如图 A03-12 所示。

素材作者：Free-Photos

图 A03-12

3. 图案图章工具.

使用【图案图章工具】时不需要按 Alt 键拾取仿制源，可直接选择图案作为仿制源，使用该工具可以绘制图案内容。在该工具的选项栏中可以选择不同的源，在该工具的面板菜单中也可以加载更多的源，如图 A03-13 所示。

图 A03-13

4. 修复画笔工具.

【修复画笔工具】与【仿制图章工具】的用法一样，按住 Alt 键拾取仿制源，使用仿制源来绘制修复。和【仿制图章工具】不同的是，【修复画笔工具】可将仿制源的纹理、光照、透明度和阴影与所修复的区域进行智能匹配，达到完美融入图像的目的，如图 A03-14 所示。

素材作者：Peggy_Marco

图 A03-14

5. 修补工具.

【修补工具】的工作原理和【修复画笔工具】类似，同样可以将样本的纹理、光照、透明度和阴影与所修复的区域进行智能匹配，完美融入图像，但操作方式完全不同。该工具有【正常】和【内容识别】两种模式，如图 A03-15 所示。

素材作者：Bru-nO

图 A03-15

6. 内容感知移动工具

　　【内容感知移动工具】也是一款修图利器。该工具也有两种模式，【移动】模式可以智能地移动像素，【扩展】模式可以智能地复制像素，如图 A03-16 所示。

素材作者：EM80

图 A03-16

7. 模糊工具

　　使用【模糊工具】可以通过绘制使相应区域的像素变模糊，如图 A03-17 所示。

素材作者：Timrael

图 A03-17

8. 锐化工具 △.

　　【锐化工具】和【模糊工具】的功能刚好相反，使用【锐化工具】可以增强像素边缘的对比度，达到使图像清晰的效果，如图 A03-18 所示。【锐化工具】和【模糊工具】不是相互可逆的，使用【模糊工具】将图像变模糊以后，【锐化工具】不能把模糊的图像变回原来的样子。

素材作者：torsmedberg

图 A03-18

9. 涂抹工具 ℘.

　　【涂抹工具】就像在现实中用手指在画布上涂抹一块颜色，它可以对颜色进行拖移，如图 A03-19 所示。

素材作者：GDJ

图 A03-19

A03.5　自由变换命令

1. 基本操作

　　在【编辑】菜单中可以找到【自由变换】命令，快捷键为 Ctrl+T。进行自由变换时，图层对象的周围会出现一个矩形控件框，这个控件框包含了此图层对象的最大矩形范围，如图 A03-20 所示。

图 A03-20

控件框上有 8 个控制点，用来调节并变换造型。在矩形控件框的中心位置有一个参考点，是图像变换的轴心，此参考点可以在选项栏中选择显示或隐藏，并且可随意移动此参考点，甚至可以移动到控件框外，按住 Alt 键单击任意位置就可以放置。参考点也可以放置在控制点上，在选项栏中可快速选中这 8 个控制点，单击相应位置即可，如图 A03-21 所示。

图 A03-21

2. 移动

在自由变换模式下可以移动对象，此时的移动可不使用【移动工具】，当光标移动到矩形控件框内时会变为黑色箭头，此时就可以拖曳进行移动了；也可以使用方向键进行微调，按住 Shift 键可以增大步长。

除了手动操作外，还可以进行精准移动。在选项栏中设置相应的坐标即可。X 代表水平方向，Y 代表垂直方向，默认的 X、Y 数值为当前参考点的坐标，可以通过修改坐标来完成移动。这是针对画布大小的绝对坐标，输入数值时要进行加减法运算，比较烦琐，可以单击选项栏中的小三角 △ 按钮使坐标归零，这时的坐标为相对坐标，想移动多少就输入多少，方便许多，如图 A03-22 所示。

图 A03-22

3. 缩放

进入自由变换模式后，当鼠标靠近任意一个控制点或控制杆的时候，光标会变为双方向箭头（↔、↕、↖），直

接拖曳就可以实现等比例缩放的变换了。按住 Shift 键可以暂时解除比例锁定，单方向地缩放对象（一些旧版本 Photoshop 默认是不等比例缩放，按住 Shift 键可以锁定比例）。同样可以通过选项栏中的 W、H 设置比例值，做到精准地控制比例，100% 是原始比例，W 是宽度比例，H 是高度比例，可以分别修改，也可以单击中间的链接 ∞ 图标，进行等比例缩放修改。

W: 100.00% ⊙ H: 100.00%

如果把 W 设定为负值，会实现水平翻转的效果；同理，把 H 设为负值，就是垂直翻转。也可以通过右键菜单直接实现翻转。

4. 旋转

当鼠标靠近控制点，光标变成圆角双方向箭头时（↻），拖曳便可以进行旋转操作；也可以右击对象，在弹出菜单中选择【旋转】选项，光标一直会是旋转模式；还可以在选项栏输入旋转角度 △ 0.00 ；另外，也可以在控件框内右击，快速选择旋转 180° 或者 90°。

如果想要旋转文档，需要执行【图像】-【图像旋转】菜单命令，自由变换模式并不能旋转文档方向。

5. 斜切

进入斜切模式后，当光标靠近控制杆的时候会变成 ↗ 形状，拖曳可以倾斜图像，如图 A03-23 所示。

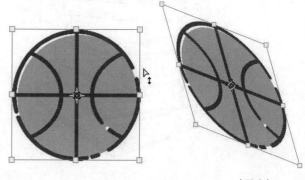

素材作者：janjf93

图 A03-23

通过设置选项栏中的 H、V 值可以做到精确控制倾斜角度。

6. 扭曲

进入扭曲模式后，选择角点并拖曳，可以分别拖曳各个角点进行变换，或者在自由变换模式下，按住 Ctrl 键并拖曳角点，也可以快速进行扭曲模式的变换，如图 A03-24 所示。

素材作者：gunnarmallon、Vision24

图 A03-24

在某些 Photoshop 版本中扭曲变换需要结合 Shift 键解除水平或垂直方向的锁定，而某些 Photoshop 版本的 Shift 键是启用锁定，请根据情况来适应操作。

7. 透视

透视与扭曲类似，也可以通过单击任意的角点进行操作，变换的规则遵循透视原理。

8. 变形

变形是一种较为复杂的网格化变换模式。进入变形模式后，可以在选项栏中选择【拆分】形式，用单击对象，手动拆分出参考网格；也可以在【网格】选项中直接选择等比例划分网格。

不管是拖曳控制点、控件杆还是单元格，都会产生曲度变换。通过手动操作不容易控制，Photoshop 预设了一些变形效果，在选项栏【变形】下拉菜单中可以选择这些预设，如图 A03-25 所示。

图 A03-25

针对当前预设还可以进行深度的参数调节，可以改变外形、弯曲度、倾斜扭曲度，使变形效果更加细致，如图 A03-26 所示。

图 A03-26

9. 操控变形

通过【编辑】菜单中的【操控变形】命令可将图像转换为关联式三角网面结构，在带有三角网面的图像上可单击放置【图钉】，可放置多个【图钉】，移动【图钉】从而实现高度自由的变形，如图 A03-27 所示。

素材作者：ErikaWittlieb

图 A03-27

 应用技巧

在进行自由变换的过程中有三个功能键，分别是Ctrl、Shift和Alt键。

按住Ctrl键拖动控制点则可以控制自由变换，按住Shift键拖动控制点则可以控制方向、角度和比例，按住Alt键时则可以参考点为轴心变换。

A03.6 实例练习——为包装添加图案

本实例完成效果参考如图 A03-28 所示。

素材作者：pencilparker

图 A03-28

操作步骤

01 打开本课配套素材"纸箱子"和"卡通图案",将"卡通图案"拖曳至"纸箱子"上,将新图层命名为"卡通图案"。选择图层"卡通图案",按 Ctrl+T 快捷键进行自由变换,调整合适的大小,调低【不透明度】的值,使"纸箱子"显现出来,如图 A03-29 所示。

图 A03-29

02 选择图层"卡通图案"执行【编辑】-【透视变形】菜单命令,在【版面】模式 版面 变形 下,将图片分为三个区域,如图 A03-30 所示。

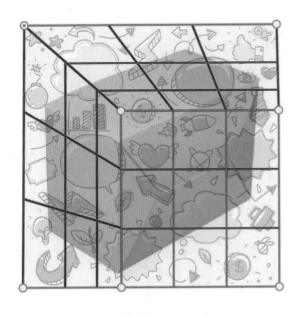

图 A03-30

03 在【变形】模式 版面 变形 下,将图层"卡通图案"自由变换至可以将"纸箱子"覆盖,如图 A03-31 所示。

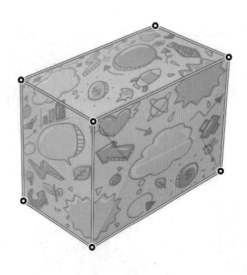

图 A03-31

04 单击选项栏中的【提交透视变形】按钮,如图 A03-32 所示,在【图层】面板中调整图层"卡通图案"的【不透明度】为 100%,【混合模式】为正片叠底,完成效果如图 A03-33 所示。

图 A03-32

图 A03-33

A03.7 综合案例——放大局部细节

本综合案例原图和完成效果参考如图 A03-34 所示。

(a) 原图

素材作者：gerryimages

(b) 完成效果参考

图 A03-34

操作步骤

01 打开本课配套素材"手表男"，按 Ctrl+J 快捷键复制

图层，将新图层命名为"放大"，将"背景"重命名为"黑白"，如图 A03-35 所示。

图 A03-35

02 使用【直线工具】✔️的【形状】模式在图中位置绘制一条直线，将图层命名为"直线"，在选项栏中将【填充】和【描边】颜色调整为红色（色值为 R：255、G：0、B：0），【粗细】为 10 像素，单击【设置其他形状和路径选项】按钮，选中【终点】复选框，调整【宽度】为 5 像素，【长度】为 10 像素，如图 A03-36 所示，效果如图 A03-37所示。

03 使用【椭圆工具】⬭的【形状】模式，按住 Shift 键在图片左上方绘制正圆，将图层命名为"放大区域"，颜色为红色（色值为 R：255、G：0、B：0），如图 A03-38 所示。

图 A03-36

图 A03-37

图 A03-38

04 在图层列表中将图层"放大"置顶，按 Ctrl+Alt+G 快捷键创建剪贴蒙版，如图 A03-39 所示，效果如图 A03-40 所示。

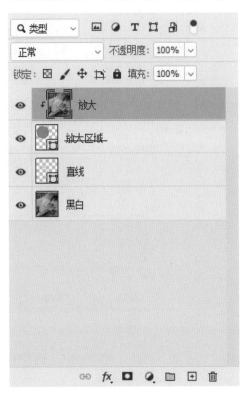

图 A03-39

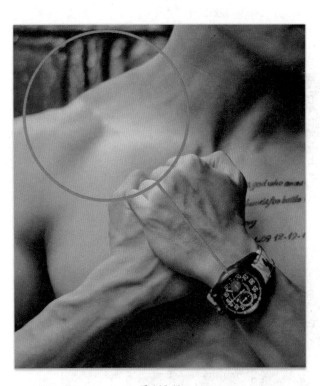

图 A03-40

05 选择图层"放大"，按 Ctrl+T 快捷键进行自由变换，拖曳控制点，调整图片的大小和位置，如图 A03-41 所示。

06 隐藏其他图层，在图层"黑白"中使用【快速选择工具】 选出手表，如图 A03-42 所示。

图 A03-41

图 A03-42

07 在图层"黑白"中，按 Ctrl+Shift+I 快捷键反选，再按 Ctrl+Shift+U 快捷键去色，如图 A03-43 所示。

08 在图层列表中双击图层"放大区域"，打开【图层样式】对话框，选中并打开【外发光】选项卡，调整【不透明度】为100%,【颜色】为红色（色值为R：255、G：0、B：0）；调整【方法】为柔和,【扩展】为0%,【大小】为27像素；调整【范围】为50%，如图 A03-44 所示。

图 A03-43

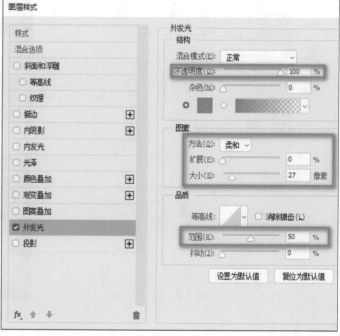

图 A03-44

09 显示所有图层，完成放大局部细节效果，如图 A03-45 所示。

图 A03-45

A03.8 综合案例——翻页效果

本综合案例完成效果参考如图 A03-46 所示。

素材作者：No-longer-here

图 A03-46

图 A03-47

操作步骤

01 新建一个 Web 文档，在【空白文档预设】中选择"网页-大尺寸"。使用【矩形工具】□，在上方选项栏中设置任意填充色，【描边】为无，在图层列表中将当前矩形图层重命名为"前"，如图 A03-47 所示。

02 按 Ctrl+J 快捷键复制图层"前"，将新图层命名为"后"，在图层列表中将其移动到图层"前"的下方，双击图层"后"缩略图更改矩形颜色为另一任意色，如图 A03-48 所示。

图 A03-48

03 在图层"前"中按 Ctrl+T 快捷键进行自由变换,在矩形中右击选择【变形】选项,如图 A03-49 所示。

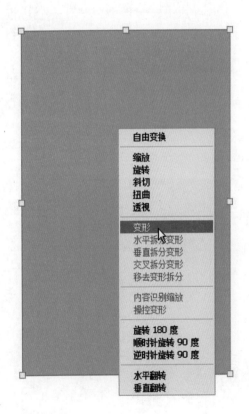

图 A03-49

04 拖曳如图 A03-50 所示的三个控制点,将矩形的右上角向中心移动,并调整边缘弧度。调整好后在选项栏中单击✓按钮提交操作。

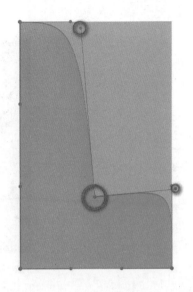

图 A03-50

05 在图层"后"中使用【直接选择工具】▷框选右上角,将控制点移动至上方的弧顶,若弹出如图 A03-51 所示的提示,单击【是】按钮即可,此时效果如图 A03-52 所示。

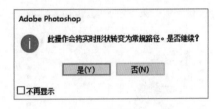

图 A03-51

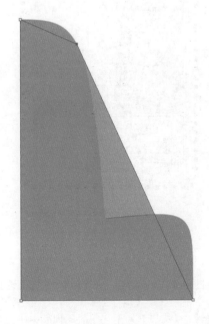

图 A03-52

06 使用【添加锚点工具】 在斜线上添加锚点，如图 A03-53 所示。

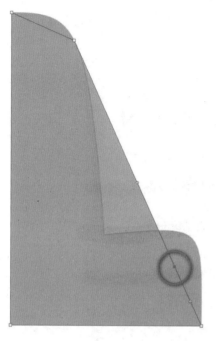

图 A03-53

07 使用【转换点工具】 单击刚刚添加的锚点将其转换为角点，再使用【直接选择工具】 移动角点至下方的弧顶，如图 A03-54 所示。

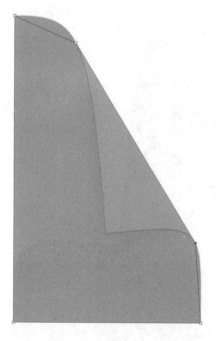

图 A03-54

08 按 Ctrl+Shift+N 快捷键新建图层，将其命名为"渐

变"。再按 Ctrl+Alt+G 快捷键创建剪贴蒙版，如图 A03-55 所示。

图 A03-55

09 在图层"渐变"中选择【渐变工具】 ，在选项栏中调整渐变颜色为灰色，并将渐变类型改为【对称渐变】，如图 A03-56 所示，在图中拖曳鼠标绘制渐变，如图 A03-57 所示。

图 A03-56

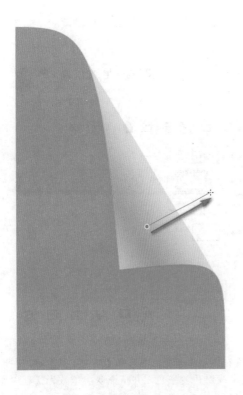

图 A03-57

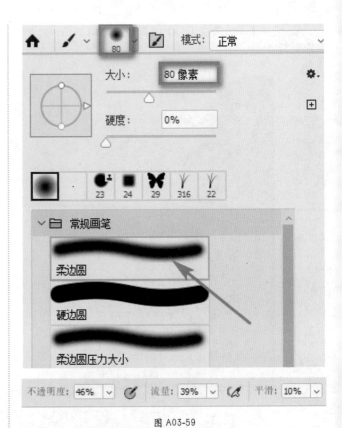

图 A03-59

10 在图层"前"上方新建图层并将其命名为"阴影"，调整【混合模式】为正片叠底，按Ctrl+Alt+G快捷键创建剪贴蒙版，如图A03-58所示。

12 在重叠边缘拖曳鼠标绘制阴影，如图A03-60所示。

图 A03-58

11 在图层"阴影"中，选择【画笔工具】，在工具栏中设置【前景色】为深灰色（色值为R：38、G：38、B：38），在【常规画笔】中选择【柔边圆】，调整【大小】为80像素，【不透明度】为46%，【流量】为39%，【平滑】为10%，如图A03-59所示。

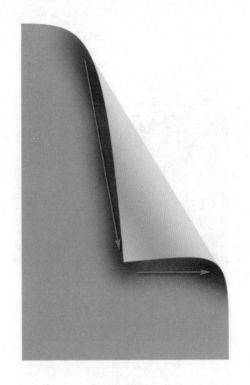

图 A03-60

13 将本课配套素材"音乐海报"拖曳进画布，调整其大小及位置，在选项栏中提交操作。按 Ctrl+Alt+G 快捷键创建剪贴蒙版，如图 A03-61 所示，此时效果如图 A03-62 所示。

图 A03-61

图 A03-62

14 观察发现图层"阴影"没有展示出来，所以在图层列表中将图层"音乐海报"移动到"阴影"的下面，如图 A03-63 所示，此时效果如图 A03-64 所示。

图 A03-63

图 A03-64

15 在图层列表中选择图层"阴影""音乐海报""前""渐变""后"，按 Ctrl+G 快捷键编组并命名为"组 1"。双击图层组"组 1"，在【图层样式】对话框中选中并打开【投影】选项卡，将【混合模式】调整为正常，【颜色】为黑色，【不透明度】为 18%，【角度】为 128 度，【距离】为 11 像素，【扩展】为 21%，【大小】为 21 像素，如图 A03-65 所示。使用【矩形工具】的【形状】模式，在选项栏中设置【填充】为无，【描边】为 10 像素，选择点状虚线，将【圆角的半径】设置为 22 像素。这样翻页效果就制作完成了，如图 A03-66所示。

A 入门篇

27

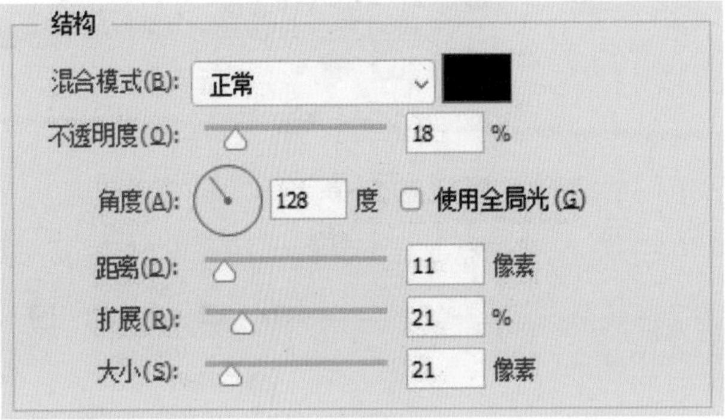

结构

混合模式(B):	正常	▾	■
不透明度(O):	18	%	
角度(A):	128	度	☐ 使用全局光(G)
距离(D):	11	像素	
扩展(R):	21	%	
大小(S):	21	像素	

图 A03-65

图 A03-66

A03.9　作业练习——制作散落的小花

本作业完成效果参考如图 A03-67 所示。

图 A03-67

作业思路

将自定义形状"花"新建为画笔预设，设置画笔的形状动态后进行绘制，添加模糊效果。再次绘制，注意模糊与清晰的分层，合理调整布局。

主要技术

1.【自定义形状工具】。

2.【新建画笔预设】。

3.【画笔设置】。

4.【高斯模糊】。

A03.10 作业练习——使用变形工具制作飘逸丝巾

本作业原图和完成效果参考如图 A03-68 所示。

(a) 原图

素材作者：Tatiana Twinslol

(b) 完成效果参考

图 A03-68

作业思路

将丝巾抠出并复制，进行自由变换，调整各图层在图像中的布局。

主要技术

1.【快速选择工具】或其他生成选区工具。

2.【自由变换】-【变形】。

 读书笔记

图层是 Photoshop 的基础功能，图层蒙版可以灵活地显示或隐藏图层上的某个区域。本课讲解图层和图层蒙版相关的知识，再通过一系列案例使读者熟练掌握图层蒙版的用法。

A04.1　图层面板

对于图层的操作，分为两个部分，一个是菜单栏中的【图层】菜单，另一个是【图层】面板，两者很多功能都是相通的，如图 A04-1 所示。

图 A04-1

SPECIAL 应用技巧

◆ **只显示某一个图层**：按住 Alt 键单击该图层前面的 ◉ 图标，即可将其余图层全部隐藏；再次执行同样操作则显示所有图层。

◆ 按住图层的 ◉ 图标并垂直上下拖曳，可快速隐藏或显示相邻图层。

◆ **快捷键**
  - Ctrl+Shift+N：从对话框新建一个图层。
  - Ctrl+Shift+Alt+N：快速新建图层。
  - Ctrl+J：通过拷贝建立一个图层。
  - Ctrl+G：与前一图层编组。
  - Ctrl+Shift+G：取消编组。
  - Ctrl+E：向下合并或者合并链接图层。
  - Ctrl+Shift+E：合并可见图层。
  - Ctrl+[：将当前层下移一层。
  - Ctrl+]：将当前层上移一层。
  - Ctrl+Shift+[：将当前层移到最下面。
  - Ctrl+Shift+]：将当前层移到最上面。
  - Alt+[：激活下一个图层。
  - Alt+]：激活上一个图层

A04.2　图层蒙版

图层蒙版就好像给图层穿上一件隐形罩衣，通过蒙版可以控制图层完全隐形（看上去像空图层），或者部分隐形（看上去像被删除一部分），或者完全暴露（正常显示）。

1. 添加图层蒙版

在图层列表中单击【添加蒙版】▢ 按钮，即可快速为当前选定的图层添加蒙版，在【图层】菜单中也可以找到该命令。若仅单击按钮，添加的蒙版为【显示全部】蒙版；若按住 Alt 键单击按钮，则添加的蒙版为【隐藏全部】蒙版。在【显示全部】蒙版上画黑色就像是使用橡皮一样擦除，在【隐藏全部】蒙版上画白色就像是将隐藏的东西逐渐擦出，如图 A04-2 所示。

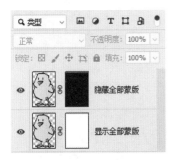

素材作者：Clker-Free-Vector-Images

图 A04-2

2. 编辑图层蒙版

在图层列表中按住 Alt 键并单击想要编辑的蒙版即可显示蒙版内容，显示的图像和在 Alpha 通道中的相同。在编辑蒙版前一定要单击蒙版后再进行操作，否则会直接编辑图层内容，如图 A04-3 所示。

图 A04-3

3. 复制图层蒙版

按住 Alt 键并在图层列表中拖曳图层蒙版缩览图给其他

图层即可完成复制蒙版的操作，如图 A04-4 所示。

图 A04-4

4. 停用和删除图层蒙版

若想临时将蒙版停用，可按住 Shift 键并单击蒙版缩览图，蒙版上会出现红叉；也可以在蒙版上右击，选择【停用图层蒙版】选项。若想删除蒙版，拖曳蒙版到【删除图层】按钮上即可完成删除，如图 A04-5 所示。

图 A04-5

SPECIAL **应用技巧**

- 停用图层蒙版：在图层列表中右击图层蒙版，选择【停用图层蒙版】选项，也可以按住 Shift 键再单击图层蒙版。
- 蒙版叠加：一个图层可以添加两个蒙版，分别为【图层蒙版】与【矢量蒙版】。
- 蒙版的透明度：在蒙版中，白色表示显示，黑色表示遮挡。灰色表示透明度，灰值越高则代表遮挡的程度越高；同理，灰值越低则代表遮挡的程度越低。
- 特别注意：所有在图层蒙版上的操作，首先必须要在列表中选择蒙版后再进行编辑操作，若不选择蒙版直接进行编辑操作，就会直接对图层进行修改。
- 蒙版抠图：使用蒙版抠图的最大好处就是不会破坏原图，推荐使用这种非破坏性编辑方式。

A04.3 剪贴蒙版

图层蒙版像是隐形罩衣，剪贴蒙版则起到遮罩的作用，它的功能是使上方图层进入下方图层的轮廓内，如图 A04-6 所示。

素材作者：OpenClipart-Vectors

图 A04-6

剪贴蒙版的创建方法：打开【图层】菜单，执行【创建剪贴蒙版】命令（Ctrl+Alt+G）；或者按住 Alt 键，在两个图层的夹缝处单击，也可以创建剪贴蒙版。

A04.4 智能对象

智能对象是包含像素图或矢量图（如 PSD 或 AI 文件）的图像数据的图层。智能对象能保留图像的原内容及其所有原始特性，从而能够对图层执行非破坏性编辑。智能对象就好像将一张画或几张画封装了一层透明保护膜，可以在膜上继续编辑处理，而里面的图像不发生实质变化。

1. 创建智能对象

在【文件】菜单中执行【置入嵌入对象】命令，选择文件并打开后，该文件可以直接变成智能对象。

在【文件】菜单中执行【置入嵌入对象】或【置入链接的智能对象】命令，将外部文件作为智能对象置入已经打开的文档的工作面上，也可以将其作为智能对象置入文档中。在其他软件中按 Ctrl+C 快捷键复制选中的图形，在 Photoshop 中按 Ctrl+V 快捷键粘贴，也可以将其作为智能对象置入。

创建一个有内容的图层，在图层列表或者图形上右击，选择【转换为智能对象】选项即可将形状或图层转换为智能对象；在【图层】菜单的【智能对象】的二级菜单中，有更为全面的关于智能对象的命令；智能对象图层可以进行

多次嵌套，每一层都可以单独操作并进行设置，如图 A04-7 所示。

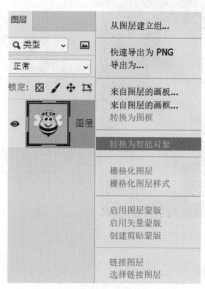

图 A04-7

2. 智能对象特性

智能对象一般分为【嵌入式】和【链接式】两种，嵌入式智能对象内的图像在自身 PSD 文件内部，而链接式智能对象内的图像在 PSD 文件外部，以引用的形式显示图像。另外还有一种是【库链接】智能对象，是从【库】里调用的链接对象。

智能对象具有如下特点：

◆ 可以执行非破坏性变换，对图层进行缩放、旋转、斜切、扭曲、透视变换或使图层变形，而不会丢失原始图像数据，也不会降低品质，因为变换不会影响原始数据。

◆ 可以处理矢量数据（如 Illustrator 中的矢量图片），放大或缩小矢量图片不会有像素被破坏，完全地进行矢量数据处理。

◆ 为智能对象添加滤镜效果可以直接将其变为智能滤镜，可以多次反复应用调节。

◆ 编辑一个智能对象即可自动更新其所有的关联性拷贝，避免重复大量同类操作。

◆ 对智能对象图层可以正常添加图层蒙版。

◆ 不能对智能对象图层直接执行会改变像素数据的操作（如绘画、减淡、加深或仿制），但可以使用颜色调整相关命令（如色阶、曲线等），调整命令会整合到智能对象下方，并且可以反复修改调整。

3. 智能对象操作

◆ 编辑智能对象

选择智能对象图层，右击选择【编辑内容】选项，或者直接双击缩览图，进入智能对象内部。相当于打开了一个文档，进行正常的编辑操作即可，编辑后保存或关闭，原始文档的智能对象则更新为修改后的内容。如果想在本文档窗口中编辑智能对象内容，可以将智能对象转换为本文档的图层，选择【转换为图层】选项即可。

◆ 替换智能对象

替换智能对象有两种方式。

◉ 选择智能对象图层，右击，选择【替换内容】选项，则会打开文件窗口，选择替换文件即可。

◉ 对于链接式智能对象，如果外部的链接对象发生了修改，而文档内的智能对象没有显示更新，则可以右击智能对象图层，选择【更新修改内容】或【更新所有修改内容】选项，更新外部文件修改后的最新状态。

◆ 复制和复制新建

复制智能对象图层和复制普通图层的操作方法相同。这种方法复制出来的图层副本和源图层的内容完全相同，只要编辑其中一个智能对象，其他的也会随之更新。

如果右击原智能对象图层，选择【通过拷贝新建智能对象】选项，则会复制出全新的智能对象，不再和原智能对象关联，每个智能对象都需要单独修改，各自独立，如图 A04-8 所示。

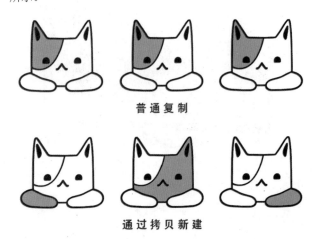

普通复制

通过拷贝新建

素材作者：70896434

图 A04-8

A04.5 实例练习——合成走出屏幕的狮子

本实例原图与完成效果参考如图 A04-9 所示。

图 A04-9

(a) 原图

素材作者：designerpoint

(b) 完成效果参考

图 A04-9（续）

操作步骤

[01] 打开本课配套素材"电视机"和"草原"，将图层"草原"拖曳到"电视"上，将新图层命名为"草原"，在【图层】面板中调整图层"草原"的【不透明度】为 46%。使用【钢笔工具】 ◯.的【路径】模式，在电视屏幕的四角创建路径，按 Ctrl+Enter 快捷键将路径转换为选区，如图 A04-10 所示。

图 A04-10

[02] 在当前选区状态下，选择图层"草原"，单击图层列表底部的【添加图层蒙版】 ▣ 按钮，将素材中不需要的部分隐藏，调整【不透明度】为 100%，如图 A04-11 所示。

图 A04-11

[03] 打开本课配套素材"狮子"，将图片"狮子"拖曳至图层"草原"上，在图层列表中右击图层"狮子"选择【栅格化图层】选项，如图 A04-12 所示。

[04] 为了表现狮子走出屏幕的感觉，再次使用【钢笔工具】 ◯.的【路径】模式，在狮子的后脚处绘制路径，按 Ctrl+Enter 快捷键将路径转换为选区，如图 A04-13 所示。

[05] 按 Ctrl+Shift+I 快捷键反选，单击图层列表底部的【添加图层蒙版】 ▣ 按钮，如图 A04-14 所示，完成效果如图 A04-15 所示。

图 A04-12

图 A04-13   图 A04-14

图 A04-15

A04.6　综合案例——骆驼探头

本综合案例完成效果参考如图 A04-16 所示。

素材作者：EmischoemiiEmischoemii、Pexels、Maryam62、OnzeCreativitijd

图 A04-16

操作步骤

01 打开本课配套素材"窗外的风景"，使用【钢笔工具】将窗户外的景色选出，按 Ctrl+Shift+I 快捷键反选后在图层列表下方单击【添加图层蒙版】按钮，如图 A04-17 所示，此时效果如图 A04-18 所示。

图 A04-17

图 A04-18

02 打开本课配套素材"沙漠"，按 Ctrl+T 快捷键进行自由变换，调整其位置及大小后在图层列表中置底，如图 A04-19 所示。

图 A04-19

03 在图层列表最上方新建一个图层，将其命名为"光晕"，填充黑色，执行【滤镜】-【渲染】-【镜头光晕】菜单命令，在【镜头光晕】窗口中将【亮度】调整为 123%，调整发光点位置。将图层"光晕"的【混合模式】调整为滤色，如图 A04-20 所示，此时效果如图 A04-21 所示。

图 A04-20

图 A04-21

04 打开本课配套素材"骆驼"，单击图层列表下方的【添加图层蒙版】▣按钮，选择蒙版，使用【画笔工具】✐将骆驼的脖子部分擦除即可。这样骆驼探头效果就制作完成了，如图 A04-22 所示。

图 A04-22

A04.7　综合案例——可爱大头效果

本综合案例原图和完成效果参考如图 A04-23 所示。

(a) 原图

素材作者: lannyboy89

(b) 完成效果参考

图 A04-23

操作步骤

01 打开本课素材 "流浪男孩",使用【快速选择工具】 ✐ ,将人物的头部和脖子抠出,如图 A04-24 所示。

图 A04-24

02 按 Ctrl+J 快捷键复制抠出的选区内容,将新图层命

名为 "大头",如图 A04-25 所示。

图 A04-25

03 在图层列表中选择图层 "大头",按 Ctrl+T 快捷键进行自由变换,调整人物头部和脖子的位置及大小,如图 A04-26 所示。

图 A04-26

04 在图层列表中选择图层 "大头",单击图层列表下方的【添加图层蒙版】 ▣ 按钮,为图层 "大头" 创建蒙版,如图 A04-27 所示。

图 A04-27

05 使用【画笔工具】 ✐ ,将前景色调整为黑色,选择蒙

版后在画布中将放大后的人物脖子部分擦除，如图 A04-28 所示。

图 A04-28

06 按 Ctrl+Shift+N 快捷键新建一个图层，将其命名为"阴影"，并移动到图层"背景"与图层"大头"中间；使用【画笔工具】，在选项栏中将画笔样式设置为【柔边圆】，在人物头部左侧与沙发和衣服的交界处绘制阴影，如图 A04-29 所示，此时效果如图 A04-30 所示。

图 A04-29

图 A04-30

07 在图层"流浪男孩"下方新建一个图层，命名为"内"，隐藏图层"流浪男孩"，使用【自定形状工具】的【形状】模式，在选项栏中将【形状】设置为【旧版默认形状】-【台词框】并绘制形状。按 Ctrl+Alt+G 快捷键创建剪贴蒙版后在图层列表最下方新建一个白色背景图层，如图 A04-31 所示。

图 A04-31

08 双击图层"内"，在【图层样式】对话框中选中并打开【描边】选项卡，设置【大小】为 16 像素，【位置】为外部，【颜色】的色值为 R：255、G：127、B：71，如图 A04-32 所示，此时效果如图 A04-33 所示。

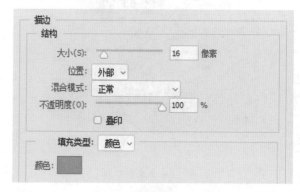

图 A04-32

图 A04-33

09 复制图层"流浪男孩"并命名为"蒙版"，单击图层列表下方的【添加图层蒙版】按钮，使用【画笔工具】，设置前景色为黑色，涂抹使人物右脚显示出来，如图 A04-34 所示。

10 在图层"内"下方新建一个图层，命名为"外"，使用【圆角矩形工具】 的【形状】模式绘制一个圆角矩形，【颜色】的色值为 R：255、G：235、B：15。双击图层"外"，在【图层样式】对话框中选中并打开【投影】选项卡，调整【不透明度】为 18%，【距离】为 15 像素，【扩展】为 21%，【大小】为 28 像素，完成所有操作。这样可爱的大头效果就制作完成了，如图 A04-35 所示。

图 A04-34   图 A04-35

A04.8　作业练习——果蔬创意合成

本作业原图和完成效果参考如图 A04-36 所示。

素材作者：Alexas_Fotos、3638148

(a) 原图   (b) 完成效果参考

图 A04-36

作业思路

抠出黄瓜部分，执行变形操作使其与香蕉的形状接近，添加蒙版隐藏素材的多余部分，使用画笔绘制阴影。

主要技术

1.【钢笔工具】。
2.【变形】。
3.【添加蒙版】。
4.【画笔工具】。
5.【剪贴蒙版】。

选区就是选择出来的区域，选区内是可以进行操作编辑的区域，选区外是受保护的区域，不会受到编辑操作的影响。

A05.1　选区类工具

1. 矩形选框工具▫和椭圆选框工具○

【矩形选框工具】紧邻【移动工具】，快捷键为M，用于绘制矩形选区。

在绘制过程中可以搭配快捷键来更方便地绘制需要的选区，如先按住鼠标拖动，再按住Shift键，选区会被约束为正方形；也可以先按住鼠标拖动，再按住Alt键，选区会以单击处为中心来扩展，如图A05-1所示。

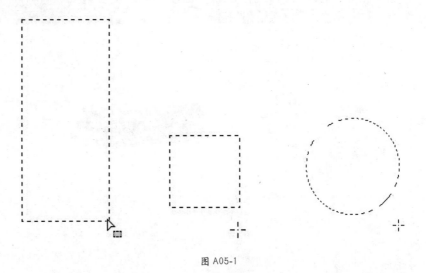

图 A05-1

在工具栏中长按或者右击【矩形选框工具】弹出选框工具组，其中有更多的选框工具。

【椭圆选框工具】可以用来绘制椭圆或者正圆选区，用法和【矩形选框工具】是一样的。同类工具、同样的用法，操作方法可以互相移植，例如，结合Shift键就可以绘制正圆。

2. 套索工具○和多边形套索工具▽

在选框工具组的下方是套索工具组。【套索工具】的图标就像套马的绳索一样，非常形象。

套索工具组用来制作不规则的选区，使用【套索工具】可以直接在画布中自由绘制，按住鼠标不松将画出黑线轨迹，松开即可闭合为选区。

【多边形套索工具】可以采用逐点单击的方式建立直线线段围合的多边形选区，当最后闭合的时候，光标右下角会出现一个小圆圈。在单击绘制选区的过程中，可以结合Backspace键取消上一次的绘点；也可以直接双击或按Enter键就地封闭选区；还可以结合

Alt 键实现多边形套索和套索的切换，从而绘制多边形和自由线结合的选区。

3. 快速选择工具

【快速选择工具】紧邻套索工具组，快捷键为 W，它的作用是智能、快速地识别像素区域的边缘创建选区。

使用【快速选择工具】时，光标呈现一个圆圈，在要建立选区的区域单击，或多次单击连点，或者按住鼠标拖动绘制，都可以自动生成选区，该选区自动识别像素对比落差比较明显的边缘。另外，还可以直接单击选项栏上的【选择主体】按钮，让计算机自动判断主体的选区，生成选区后，再手动调整细节。此外，【选择主体】功能也可以通过在【选择】菜单中执行【主体】命令实现，然后在主体物上单击，即可生成选区。

4. 魔棒工具

使用【魔棒工具】可以选择颜色相近的，只需要在某个点单击和该点颜色相近的区域即可生成选区，像魔法棒一样可自动识别选择。在选项栏中可以调整【魔棒工具】的容差值，容差越小，选区的颜色范围越小；容差越大，选区的颜色范围越大，如图 A05-2 所示。

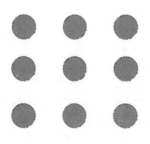

图 A05-2

5. 对象选择工具

【对象选择工具】是从 2020 版开始加入的新工具，使用起来更加简单便捷，只需要大概框选住对象，松开鼠标后即可自动生成对象的选区。该工具比较适合边缘相对明显，对选区要求不高的快速选择操作。可以在选项中选择【矩形】或者【套索】模式进行框选，如图 A05-3 所示。

素材作者：christels

图 A05-3

A05.2 选区的组合方式

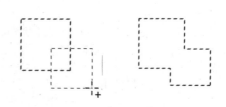

1. 新选区

该组合方式是指每次绘制新的选区，原来的选区会自动消失，由新选区取而代之。

2. 添加到选区

该组合方式是指新的选区会和现有的选区合并或同时存在，选区将融合在一起，如图 A05-4 所示。

图 A05-4

3. 从选区减去

该组合方式是指新的选区会挖掉现有选区相应的部分，如图 A05-5 所示。

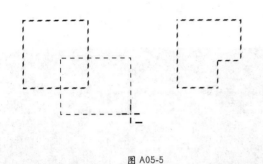

图 A05-5

4. 与选区交叉

该组合方式是指将新选区和现有选区交叉的部分保留下来，如图 A05-6 所示。

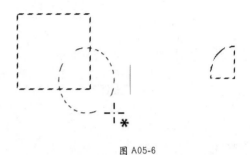

图 A05-6

A05.3　选区编辑

1. 移动选区

将光标放在选区里，按住鼠标拖动即可移动选区，移动选区只是针对选区，不会对当前图层的像素产生影响。

2. 取消选区

在【选择】菜单中执行【取消选区】命令，快捷键为 Ctrl+D，即可取消选区。

另外，在一般情况下，用选框工具在选区外部单击，也可以取消选区，这个操作在实际工作中更加常用。取消选区后，还可以通过【选择】菜单的【重新选择】命令恢复上一个取消的选区，当然，用【历史记录】命令也可以达到同样的效果。

3. 反选

【反选】就是选区反选，原来的选区内变成选区外，原来的选区外变成选区内，受保护的区域变成可编辑区域。【反选】的快捷键为 Ctrl+Shift+I。

4. 扩大选取和选取相似

这两个命令其实是【魔棒工具】的延伸。在现有选区的基础上，在【选择】菜单中执行【扩大选取】命令，选区相应扩大，扩大的规则基于魔棒工具的容差值，以邻近像素扩展的方式扩大选择范围；而【选取相似】命令则是选取包含整个图像中位于容差范围内的像素，而不只是相邻的像素，相当于魔棒工具取消选中【连续】的【魔棒工具】。

5. 扩展和收缩

扩展或收缩量以像素计算，也就是扩展或收缩后的边距。

6. 羽化

羽化是使选区边缘部分展现过渡式虚化，使选区内外自然衔接。对于普通的选区，填充颜色后，边缘是非常清晰锐利的。执行【羽化】命令后，可设定【羽化半径】，半径值设置得越大，填充后的边缘就越柔和、虚化。

7. 选择并遮住

【快速选择工具】和【魔棒工具】可以方便快捷地找到图像的色彩边缘并创建选区。但是大部分情况下得到的选区比较粗糙，这时就需要使用【选择并遮住】工具。

创建选区后，在选项栏中可以找到【选择并遮住】命令，其快捷键为 Ctrl+Alt+R，也可以在选区上右击找到，此命令在一些旧版本中也叫作【调整边缘】。

◆ 【边缘检测】：调整【半径】可以调整边缘的宽容度，增大半径可以检测边缘更多的细节。

◆ 【全局调整】：调整【平滑】可以让边缘更加平滑，调整【羽化】可以设定边缘的羽化程度，调整【对比度】可以控制边缘的对比清晰程度，调整【移动边缘】可以控制边缘的扩展程度。

◆ 【输出设置】：选中【净化颜色】复选框可以移去图像的彩边，最后输出可以选择输出为图层蒙版或新的选区等。

A05.4 实例练习——使用选框工具抠出手机屏幕

操作步骤

01 使用【矩形选框工具】框选手机屏幕，如图 A05-7 所示。

素材作者：Free-Photos

图 A05-7

02 按 Ctrl+J 快捷键复制选区，隐藏背景图层，如图 A05-8 所示。

图 A05-8

A05.5 实例练习——毛发抠图

操作步骤

01 使用【套索工具】大致框选出目标范围，如图 A05-9 所示。

素材作者：HG-Fotografie

图 A05-9

02 使用【选择并遮住】命令，快捷键为 Ctrl+Alt+R，使用【调整边缘画笔工具】 ✔，对边缘进行涂抹，如图 A05-10 所示。

图 A05-10

层蒙版的图层、新建文档、新建带有图层蒙版的文档，完成效果如图 A05-11 所示。

图 A05-10（续）

03 在【输出设置】栏中选择【输出到】新建图层，除此之外还可以选择【输出到】选区、图层蒙版、新建带有图

图 A05-11

A05.6　作业练习——为海鸥换背景

本作业原图和完成效果参考如图 A05-12 所示。

素材作者：Mike_68、MustangJoe

（a）原图

图 A05-12

（b）完成效果参考

作业思路

使用【主体】命令生成海鸥选区，使用选区编辑类命令优化选区，将抠出的海鸥复制到沙滩背景中。

主要技术

1.【主体】命令。

2.【快速选择工具】。

3.【扩展】命令。

4.【自由变换】。

路径和形状是矢量图形类工具，可以绘制精准的图形，在制图和设计中应用非常广泛。矢量图形可以任意放大或缩小而不影响清晰度，可以随时进行调整编辑，绘制矢量图形是 Photoshop 不可或缺的功能。

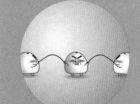

A06.1　路径和形状

选择钢笔或形状工具后，在选项栏中可以选择【形状】【路径】【像素】三种模式，当使用【形状】模式时，绘制拥有填充和描边属性的矢量形状图层，该形状边缘由路径控制；当使用【路径】模式时，则绘制纯矢量路径，不包含像素信息；当使用【像素】模式时，绘制的是由前景色填充的栅格化图形。

A06.2　钢笔工具

工具栏上的钢笔工具组中包括一系列工具，快捷键为 P。

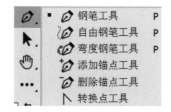

选择【钢笔工具】后，选项栏上将会有两种绘制模式可选，分别是【形状】和【路径】。

1. 直线绘制

两点成直线，先单击第一个描点，再单击第二个描点，就会出现一条线段，完成后可按 Esc 键结束绘制。若在描点上右击，在弹出的菜单中选择【删除描点】选项，可重新绘制该点。可添加多个描点进行绘制，直到绘制到第一个描点完成闭合，即可得到一个多边形，如图 A06-1 所示。

图 A06-1

2. 曲线绘制

创建完第一个描点后，再创建第二个描点时，按住鼠标不松继续拖动，会出现曲线控制杆，这就是全曲线的描点了。控制杆负责控制力度和方向从而使两个描点之间生成一条曲线，也可以连续绘制，绘制需要的多样化曲线，如图 A06-2 所示。

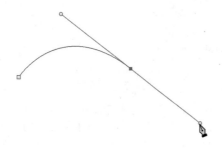

图 A06-2

3. 添加 / 删除描点

在使用【钢笔工具】绘制路径或形状时，可以在选项栏选中【自动添加 / 删除】复选框，在此状态下，单击路径边缘即可添加锚点，单击已绘的锚点则可以删除该锚点，如图 A06-3 所示。

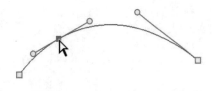

图 A06-3

4. 转换点工具

使用【转换点工具】可以将角锚点和曲线锚点进行相互转换。对于曲线锚点，单击则可变为角锚点；对于角锚点，按住鼠标不松，拖曳出控制杆，则变为曲线描点，如图 A06-4 所示。

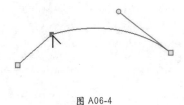

图 A06-4

5. 弯度钢笔工具 / 自由钢笔工具

【弯度钢笔工具】可以直接单击，无须拖曳，可半自动地快速绘制曲线，如图 A06-5 所示；【自由钢笔工具】顾名思义，会跟随鼠标轨迹来进行绘制，如图 A06-6 所示。

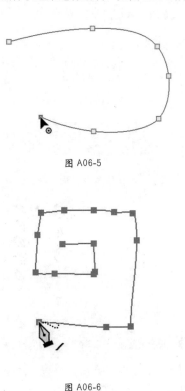

图 A06-5

图 A06-6

A06.3　形状工具

在绘制图形时很难徒手画出规则的图形，所以需要形状工具组来帮忙。形状工具组 ▢ 位于工具栏，长按或右击可以选择多种形状工具。

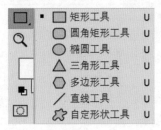

1.【矩形工具】▢【椭圆工具】○

选中【矩形工具】或【椭圆工具】后，按住鼠标向任意方向拖动。如想绘制正方形或正圆，可按住 Shift 键向任意方向拖动。按住 Alt 键拖动，可以以单击的位置为中心绘制矩形；也可以单击在弹出的【创建矩形】对话框中设定尺寸绘制矩形，可以设置从中心绘制，如图 A06-7 所示。

图 A06-7

2.【圆角矩形工具】◻.

与【矩形工具】的使用方法相同，唯一的不同点是可以在对话框中设置圆角半径，如图 A06-8 所示。

图 A06-8

3.【多边形工具】⬡.

用于绘制多边形的路径形状，绘制前需要在选项栏中设置属性，设置【边】为 3 就是等边三角形，设置【边】为 5 就是正五边形；【路径选项】是显示选项，通常保持默认；【半径】用于控制形状的大小，设定后直接单击画面即可生成形状，留空的话，则可用鼠标拖曳出形状大小；选中【平滑拐角】复选框可以使端角平滑圆润；选中【星形】复选框会以尖角多边形的形式创建形状。

4.【直线工具】╱.

用于快速绘制直线。

5.【自定义形状工具】🚲.

用于创建各种类型的形状，在选项栏中可以选择形状类型，在其面板菜单中还可以加载更多外部的形状资源。

6.【实时形状属性】

【实时形状属性】用于调整绘制的形状属性的具体参数，如图 A06-9 所示。在【变换】选项栏中可以调整形状的宽度、长度、水平位置、垂直位置、旋转角度，还可以快速对其进行水平或垂直翻转；在【外观】选项栏中可以调整形状的填充色、描边颜色、描边粗细、描边选项、描边位置、描边顶点形状以及圆角矩形的圆角弧度；在【路径查找器】选项栏中有四种模式，分别为【合并形状减去】【顶层形状】【交叉形状区域】【排除重叠形状】，通过四种模式的图标不难看出每种模式的用法。

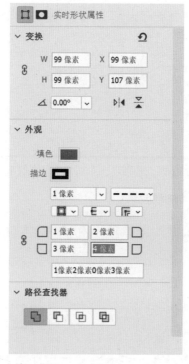

图 A06-9

A06.4　实例练习——制作同心圆枪靶

本实例完成效果参考如图 A06-10 所示。

图 A06-10

操作步骤

01 新建文档，设定尺寸为 1920 像素 ×1920 像素，【分辨率】为 300 像素 / 英寸，【背景内容】为白色，如图 A06-11 所示。

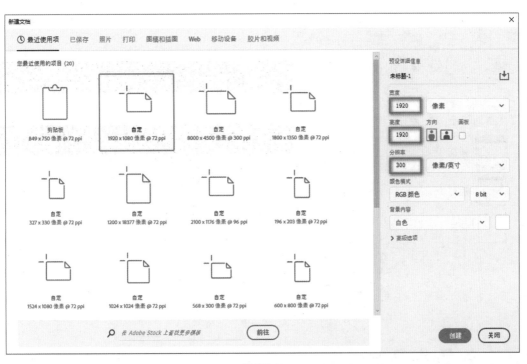

图 A06-11

02 设置前景色为黑色,如图 A06-12 所示。选择【矩形工具】□,创建【宽度】为 1920 像素,【高度】为 192 像素的矩形,如图 A06-13 所示,效果如图 A06-14 所示。

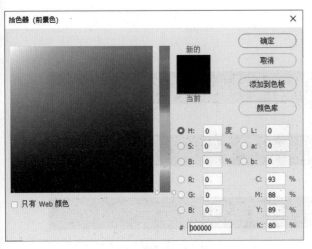

图 A06-12

图 A06-14

03 按 Ctrl+J 快捷键复制图层"矩形 1"并命名为"矩形 1 拷贝",如图 A06-15 所示。

04 选择图层"矩形 1 拷贝",按 Ctrl+T 快捷键进行自由变换,在选项栏单击【使用参考点相关定位】▲ 按钮,设定参考点的【垂直位置】(Y)为 384 像素,按 Enter 键提交自由变换操作,如图 A06-16 所示。

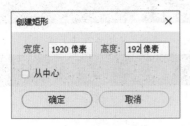

图 A06-13

图 A06-15

图 A06-16

05 连按 3 次 Ctrl+Shift+Alt+T 快捷键复制加变换，使矩形铺满整个画布，如图 A06-17 所示，效果如图 A06-18 所示。

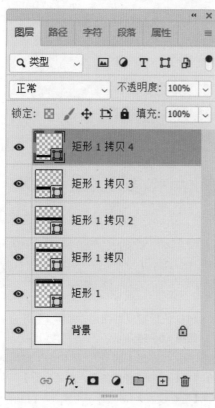

图 A06-17

图 A06-18

06 选中除图层"背景"外的所有图层，按 Ctrl+E 快捷键合并图层，如图 A06-19 所示。

07 执行【滤镜】-【扭曲】-【极坐标】菜单命令，快捷键为 Ctrl+Alt+F，在弹出警告中单击【转换为智能对象】按钮，如图 A06-20 所示，选择【平面坐标到极坐标】单选按钮，如图 A06-21 所示，效果如图 A06-22 所示。

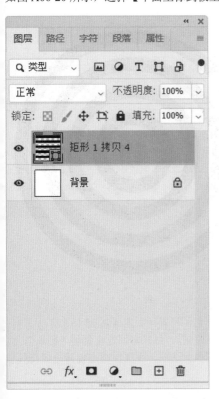

图 A06-19

图 A06-20

图 A06-21

图 A06-22

08 使用【魔棒工具】 ✨ ，选中圆心部分，调整前景色色值为 R：255 、G：0、B：0，如图 A06-23 所示；在上方新建空白图层，使用【油漆桶工具】 ◇ 将圆心填充为红色，如图 A06-24 所示。

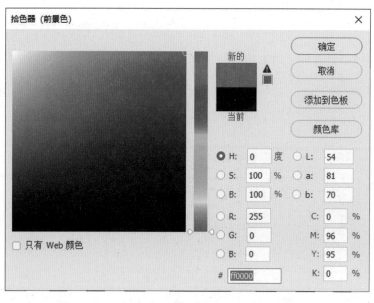

图 A06-23

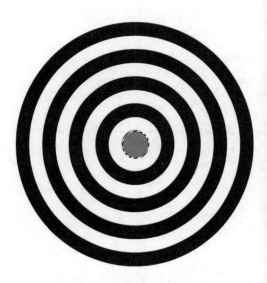

图 A06-24

09 将素材"弹孔"拖曳到"同心圆"上，按住 Alt 键，复制出多个弹孔，调整它们的位置，如图 A06-25 所示。

10 在图层列表中选择所有图层，按 Ctrl+E 快捷键合并图层，将新图层命名为"枪靶"，打开本课配套素材"靶场"，将图层"枪靶"复制到"靶场"文档中并按 Ctrl+T 快捷键进行自由变换，右击选择【扭曲】选项，拖曳控制点使其角度与背景一致，完成所有操作，效果如图 A06-26 所示。

图 A06-25

图 A06-26

A06.5 综合案例——制作蜘蛛网效果

本综合案例完成效果参考如图 A06-27 所示。

图 A06-27

操作步骤

01 新建一个文档，设定尺寸为 900 像素 ×900 像素，【分辨率】为 72 像素 / 英寸，【背景内容】为黑色，如图 A06-28 所示。

02 使用【直线工具】 的【形状】模式，调整【描边】为白色，【大小】为 2 像素。从图像左上方向中心绘制一条直线，将图层命名为"直线"，效果如图 A06-29 所示。

图 A06-28

图 A06-29

03 在图层列表中双击图层"直线"打开【图层样式】对话框，选中并打开【外发光】选项卡，调整【混合模式】为滤色，【不透明度】调整为 61%，色值为 R：63、G：230、B：161，如图 A06-30 所示，单击【确定】按钮提交操作。此时效果如图 A06-31 所示。

图 A06-30

图 A06-31

04 在图层列表中选择图层"直线"，按 Ctrl+J 快捷键复制一层并命名为"直线 2"，按 Ctrl+T 快捷键进行自由变

换，将参考点拖曳至直线的一端，如图 A06-32 所示。在选项栏调整【角度】为 30 度，按 Enter 键提交操作，效果如图 A06-33 所示。

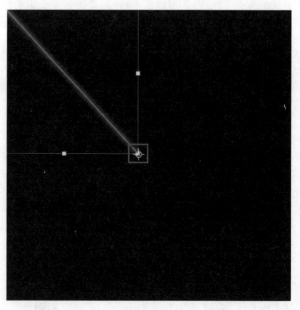

图 A06-32

图 A06-33

[05] 重复 10 次上步操作，将新的图层按顺序命名为"直线 3"～"直线 12"，此时效果如图 A06-34 所示。

图 A06-34

[06] 选择【钢笔工具】的【形状】模式，调整【描边】为白色，【大小】为 2 像素。绘制一个首尾连接的不规则十二边多边形，将此图层命名为"形状"。确定每个拐点相交于图层"直线"至图层"直线 12"的直线上，并将图层"直线"的图层样式按住 Alt 键拖曳给图层"形状"，如图 A06-35 所示。

[07] 按 Ctrl+J 快捷键复制一个图层，命名为"形状 2"，按 Ctrl+T 快捷键进行自由变换，确保参考点位于直线的交点上，如图 A06-36 所示。

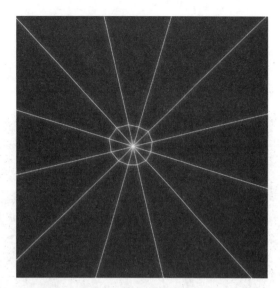

图 A06-35

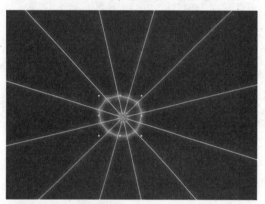

图 A06-36

[08] 按住 Alt 键拖曳控点，将不规则多边形等比例放大，效果如图 A06-37 所示。

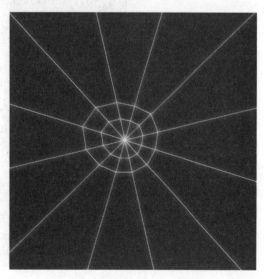

图 A06-37

09 按 Ctrl+J 快捷键复制图层"形状 2",将新图层命名为"形状 3",按 Ctrl+Shift+Alt+T 快捷键生成新的放大后的复制。再次重复该操作,将新图层命名为"形状 4",效果如图 A06-38 所示。

10 使用【自定形状工具】🔊,在选项栏中选择【形状】-【旧版形状及其他】-【2019 形状】-【昆虫和蜘蛛】形状,在选项栏中设置【填充】为黑色,【描边】为白色,【大小】为 2 像素。绘制蜘蛛,按 Ctrl+T 快捷键进行自由变换,调整蜘蛛的大小与方向,将此图层命名为"蜘蛛"。将图层"直线"的图层样式复制给图层"蜘蛛",效果如图 A06-39 所示。

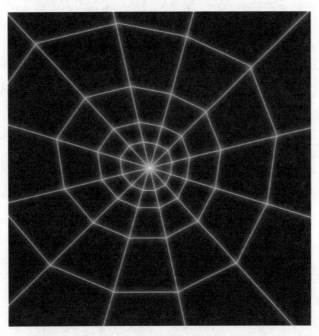
图 A06-38

图 A06-39

11 使用【横排文字工具】T.在合适位置输入"Spider",将图层命名为"Spider"。将图层"直线"的图层样式复制给图层"Spider",最终效果如图 A06-40 所示。

图 A06-40

A06.6 综合案例——雷达效果

本综合案例完成效果参考如图 A06-41 所示。

图 A06-41

操作步骤

01 新建文档，设定尺寸为 900 像素 ×900 像素，【分辨率】为 72 像素 / 英寸，【背景内容】为白色，如图 A06-42 所示。

03 将图层"椭圆 1"复制两次，将生成的新图层分别命名为"椭圆 2"与"椭圆 3"，选择图层"椭圆 2"，在【属性】面板中设置 W 和 H 都为 300 像素；重新选择图层"椭圆 3"，在【属性】面板中设置 W 和 H 都为 450 像素，效果如图 A06-44 所示。

图 A06-43

图 A06-42

02 使用【椭圆工具】◎ 的【形状】模式，单击上方【填充】选项栏选为无颜色，【描边】颜色的色值为 R：14、G：180、B：6，大小为 10 像素，绘制一个【宽度】为 150 像素、【高度】为 150 像素的正圆，生成新图层并命名为"椭圆 1"，效果如图 A06-43 所示。

图 A06-44

04 按住 Shift 键，选择全部图层，使用【移动工具】⊕，单击选项栏中的【水平居中对齐】♣ 和【垂直居中对齐】┃ 按钮将其居中对齐，效果如图 A06-45 所示。

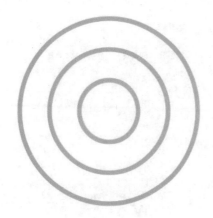

图 A06-45

05 在图层列表中选择"椭圆 3"，在【属性】面板中设置【填色】为绿色，选择【渐变】，设置【渐变形式】为角度，【角度】为 165 度，在图层列表中将图层"椭圆 3"移动至图层"椭圆 1"下方，效果如图 A06-46 所示。

图 A06-47

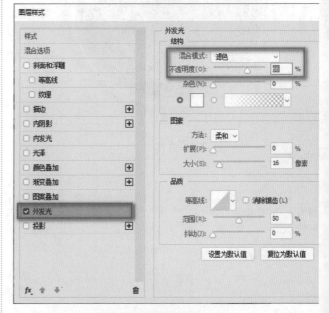

图 A06-48

图 A06-46

06 按住 Shift 键，在图层列表中选择图层"椭圆 1"与"椭圆 2"，将【混合模式】调整为亮光，效果如图 A06-47 所示。

07 新建图层并命名为"点"，使用【画笔工具】绘制【宽度】为 25 像素、【高度】为 25 像素的正圆。在图层列表中双击图层"点"打开【图层样式】对话框，选中并打开【外发光】选项卡，调整【混合模式】为滤色，【不透明度】为 66%，如图 A06-48 所示，单击【确定】按钮提交操作，效果如图 A06-49 所示。

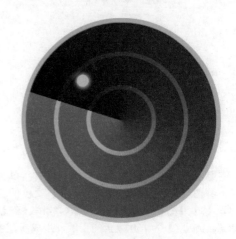

图 A06-49

08 选择图层"点"，按住 Alt 键拖曳复制 4 次，将复制的图层命名为"点 2"～"点 5"，如图 A06-50 所示。

09 选择图层"点 1"～"点 5"，按 Ctrl+G 快捷键合并为图层组，命名图层组为"组 1"，在图层列表将"组 1"移动至"椭圆 3"的上方，如图 A06-51 所示。

10 在图层列表中选择除图层"背景"外的所有图层，按 Ctrl+E 快捷键将它们合并，将新图层命名为"雷达"，打开本课配套素材"表盘"，将图层"雷达"拖曳到"表盘"文档中，按 Ctrl+T 快捷键进行自由变换，调整其位置后即可完成所有操作，效果如图 A06-52 所示。

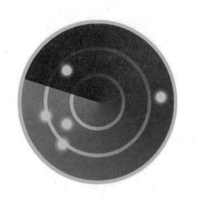
图 A06-50

图 A06-51

图 A06-52

A06.7　作业练习——制作微信红包对话气泡

本作业完成效果参考如图 A06-53 所示。

图 A06-53

作业思路

使用【圆角矩形工具】绘制轮廓，添加文字及直线。红包由圆角矩形以及圆形组成，通过【剪贴蒙版】遮挡多余的圆形部分。

主要技术

1.【形状工具】。
2.【自由变换】。
3.【文字工具】。
4.【剪贴蒙版】。

A07课

颜色调整功能

Photoshop 具有强大的调色功能，结合图层、蒙版、通道、混合模式可以实现极其丰富的后期调色效果。

A07.1　色彩和通道

1. RGB 颜色模式

RGB 颜色模式是由红光（Red）、绿光（Green）、蓝光（Blue）三原色光通道的混合而构成图像的模式，常用于电子显示设备，是最常见的色彩模式。RGB 模式就好像有红、绿、蓝三把手电，当它们的光相互叠合的时候，按照不同的比例混合，呈现 16777216 种颜色（8 位深度），如图 A07-1 所示。

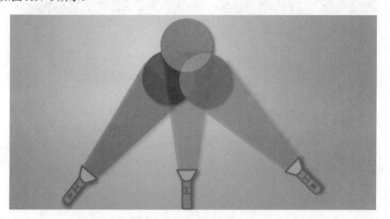

图 A07-1

2. CMYK 颜色模式

CMYK 颜色模式是由青（Cyan）、洋红（Magenta）、黄（Yellow）、黑（Black）四个印刷色彩通道组成的颜色模式。CMYK 模式是计算机模拟印刷油墨的混合，生成类似印刷色彩的图像（见图 A07-2），所以设计印刷品的时候，要选择 CMYK 模式。

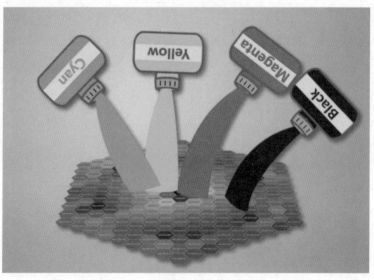

图 A07-2

3. 其他颜色模式

在菜单栏中打开【图像】菜单，在【模式】的二级菜单中，可以找到更多颜色模式，如图A07-3所示，这里不展开讲解。

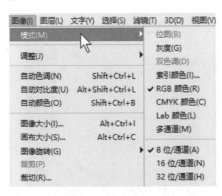

图 A07-3

A07.2　混合模式

1. 基础型混合模式

　　基础型混合模式有【正常】【溶解】两种。通过【溶解】模式，可制作颗粒状效果，如图A07-4所示。

素材作者：gracheli

图 A07-4

2. 变暗型混合模式

　　变暗型混合模式有【变暗】【正片叠底】【颜色加深】【线性加深】【深色】几种。混合模式调整为【正片叠底】的效果如图A07-5所示。

素材作者：Clker-Free-Vector-Images、b0red

图 A07-5

3. 变亮型混合模式

变亮型混合模式有【变亮】【滤色】【颜色减淡】【线性减淡（添加）】【浅色】几种。混合模式调整为【滤色】的效果如图 A07-6 所示。

素材作者：TheDigitaArtist、brenkee

图 A07-6

4. 融合型混合模式

融合型混合模式有【叠加】【柔光】【强光】【亮光】【线性光】【点光】【实色混合】几种。混合模式调整为【叠加】的效果如图 A07-7 所示。

素材作者：Sammy-Williams、jplenio

图 A07-7

5. 色差型混合模式

色差型混合模式有【差值】【排除】【减去】【划分】几种。混合模式调整为【排除】的效果如图 A07-8 所示。

几种。混合模式调整为【颜色】的效果如图 A07-9 所示。

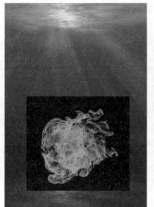

素材作者：StitchedHeartDesigns、Skitterphoto

图 A07-8

素材作者：Capri23auto

图 A07-9

6. 调色型混合模式

调色型混合模式分为【色相】【饱和度】【颜色】【明度】

SPECIAL 应用技巧

◆ 常用混合模式：【正片叠底】【线性加深】【滤色模式】【颜色减淡】【叠加】【柔光】【颜色】【明度】【线性减淡 / 添加】。

◆ 【溶解】模式需要配合调整图层【不透明度】来实现效果，【不透明度】越低，像素点分布越散。

◆ 【正片叠底】：图像白色部分变透明，深色加深。

◆ 【滤色】模式：与【正片叠底】相反，白色加深，黑色不变。

◆ 快捷键

- Shift+Alt+N：正常模式。
- Shift+Alt+I：溶解模式。
- Shift+Alt+M：正片叠底。
- Shift+Alt+O：叠加模式。
- Shift+Alt+F：柔光模式。
- Shift+Alt+H：强光模式。
- Shift+Alt+D：颜色减淡。
- Shift+Alt+B：颜色加深。
- Shift+Alt+K：变暗模式。
- Shift+Alt+G：变亮模式。
- Shift+Alt+S：滤色模式。
- Shift+Alt+E：差值模式。
- Shift+Alt+X：排除模式。
- Shift+Alt+U：色相模式。
- Shift+Alt+C：颜色模式。
- Shift+Alt+T：饱和度模式。

A07.3 调整图层

除了可以直接使用调整颜色相关的菜单命令之外,还可以使用调整图层来调整颜色,它是一个单独的图层,可以随时修改设置的效果,如图 A07-10 所示。

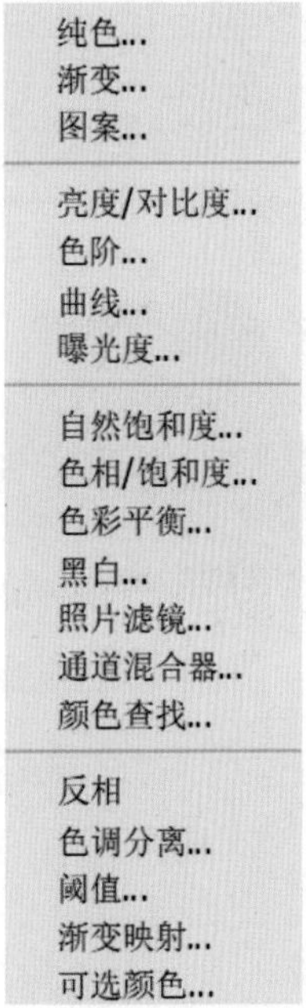

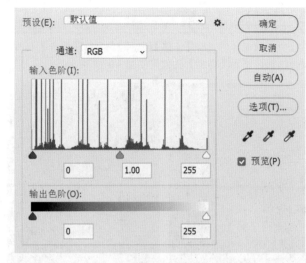

图 A07-11

纯色...
渐变...
图案...

亮度/对比度...
色阶...
曲线...
曝光度...

自然饱和度...
色相/饱和度...
色彩平衡...
黑白...
照片滤镜...
通道混合器...
颜色查找...

反相
色调分离...
阈值...
渐变映射...
可选颜色...

图 A07-10

◆ 使用【调整图层】调整后可以随时反复修改,调整后的信息会存储在 PSD 文档中。
◆ 其调整的运算是在显示效果控制上,不是对图层做实质的修改,避免了对图层进行破坏性操作。对于大型的重要工作,应该尽量使用调整图层来调色。
◆ 在图层或文档之间,可以通过复制和粘贴调整图层,使它们拥有相同的颜色。
◆ 重新编辑调整图层或填充图层,可直接双击调整图层的缩览图。
◆ 在【调整图层】面板里的所有操作,执行【图像】-【调整】命令也可以调节。
◆ 调整图层还可以添加【图层蒙版】,使用蒙版可以更为灵活地控制操作区域。
◆ 可以通过降低调整图层的【不透明度】来降低效果。

A07.4 色阶

【色阶】命令位于【图像】菜单下的【调整】二级菜单中,快捷键为 Ctrl+L。一般情况下,调节明暗即选择调整 RGB 整体通道,如果单独选择某个通道,则色相会发生变化,如图 A07-11 所示。

A07.5 曲线

【曲线】与【色阶】一样也可以通过通道来调节,多用于 RGB 复合通道调节整体明暗,单独调节原色通道需要有一定经验,这需要读者逐渐熟悉掌握。网格直方图区域就是曲线控制区,这条斜向的白线就是“曲线”,左侧竖向的黑白渐变条是输出坐标轴,下方横向的渐变条是输入坐标轴,如图 A07-12 所示。

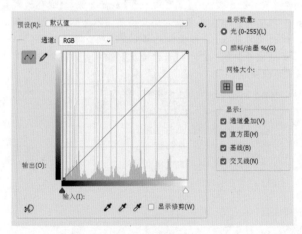

图 A07-12

A07.6 色相/饱和度

在【色相/饱和度】对话框中单击【全图】的下拉菜单可以选择单独颜色进行编辑。【色相】可以改变图像的色相,拖动滑块或者直接输入数值即可看到图像色相的变化,如图 A07-13 所示。

【饱和度】可以降低或提高图像中颜色的鲜艳程度，拖动滑块或者输入精准数值即可看到图像饱和度的变化，如图 A07-14 所示。

图 A07-13

图 A07-14

【明度】命令则可以调整图像的明暗程度，拖动滑块或者在精准数值即可看到图像变暗或变亮，如图 A07-15 所示。

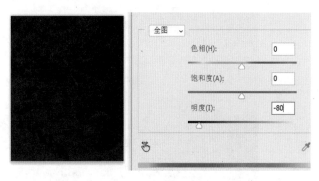

图 A07-15

A07.7　色彩平衡

【色彩平衡】命令的快捷键为 Ctrl+B，可以增加或者降低颜色对比色来消除画面偏色。

在【色彩平衡】对话框中拖动滑块即可调整图像颜色偏向。在【色调平衡】中，【阴影】【高光】【中间调】这三个选项可以同时调整，共同起作用，【保留明度】则可以防止图像的亮度值随着颜色的改变而发生变化，如图 A07-16 所示。

图 A07-16

图 A07-16（续）

A07.8　可选颜色

【可选颜色】命令可以调节图像中每个主要原色成分中的印刷色（CMYK）的数量；可以有选择地修改主要颜色中的 CMYK 占比，而不会影响其他主要颜色。通过【可选颜色】可以细腻地调节每一个色相范围区域，它是最常用的调整命令之一，如图 A07-17 所示。

图 A07-17

素材作者：alvaroas

图 A07-17（续）

A07.9 Camera Raw 滤镜

执行【滤镜】-【Camera Raw 滤镜】菜单命令，可打开其参数面板，或者按 Ctrl+Shift+A 快捷键。该滤镜命令包括 Adobe Camera Raw 组件的大部分功能。

1. 基本

针对图像进行基础的设置，包括【色相】【明度】【饱和度】以及【对比度】等，界面如图 A07-18 所示。

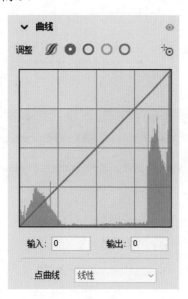

图 A07-18

2. 曲线

通过滑块或增加点来编辑【曲线】，也可以选择调整红、绿、蓝通道来改变图像颜色和明暗程度，如图 A07-19 所示。

图 A07-19

3. 细节

通过调整【锐化】与【减少杂色】滑块，可以使图像更加自然，如图 A07-20 所示。

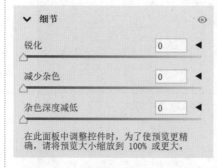

图 A07-20

4. 混色器

可调整图像里特定颜色的色彩三要素属性，如图 A07-21 所示。

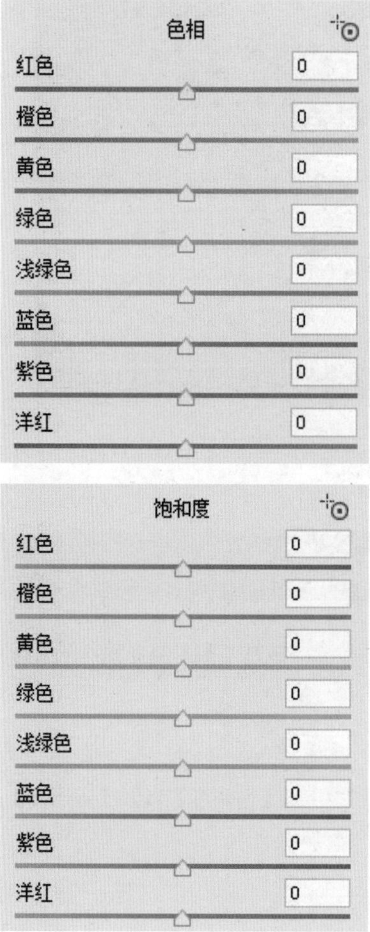

5. 颜色分级

可以通过色相环直观地调整【阴影】【高光】与【中间调】的颜色偏移，并进行全局控制，如图 A07-22 所示。

图 A07-21

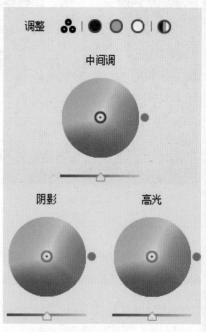

图 A07-22

6. 光学

【扭曲度】可以调整图像膨胀与收缩，【晕影】为画面四周加黑影或白光，如图 A07-23 所示。

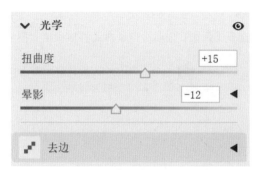

图 A07-23

7. 效果

【颗粒】可以模拟胶片颗粒的质感效果，如图 A07-24 所示。

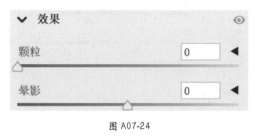

图 A07-24

8. 校准

通过调整三原色来改变图像颜色，如图 A07-25 所示。

图 A07-25

A07.10 实例练习——使花草更加明亮

本实例原图与完成效果参考如图 A07-26 所示。

素材作者：wal_172619

(a) 原图   (b) 完成效果参考

图 A07-26

操作步骤

01 打开本课配套素材"花草"，单击图层列表下方的【创建新的填充或调整图层】按钮，选择【色阶】选项，拖动滑块调整到如图 A07-27 所示的数值。

02 单击图层列表下方的【创建新的填充或调整图层】 ● 按钮，选择【曲线】选项，调整曲线的形状至如图 A07-28 所示。

03 单击图层列表下方的【创建新的填充或调整图层】 ● 按钮，选择【色彩平衡】选项，调整中间调数值如图 A07-29 所示，完成调色操作。

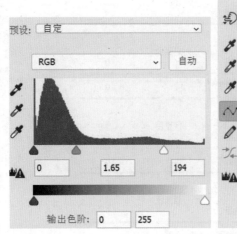
图 A07-27

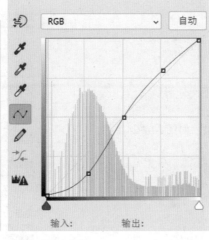
图 A07-28

图 A07-29

A07.11　综合案例——匹配图片颜色

本综合案例完成效果参考如图 A07-30 所示。

素材作者：WikiImages、anaterate

图 A07-30

操作步骤

01 分别打开本课配套素材"外星人"和"太空",将"外星人"拖曳到"太空"文档中,如图 A07-31 所示。

02 执行【图像】-【调整】-【匹配颜色】菜单命令,如图 A07-32 所示。

图 A07-31

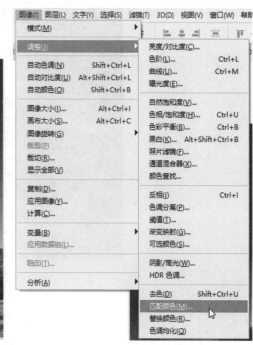

图 A07-32

03 在【匹配颜色】对话框中将【源】设置为"太空",【图层】设置为"背景",单击【确定】按钮,如图 A07-33 所示,效果如图 A07-34 所示。

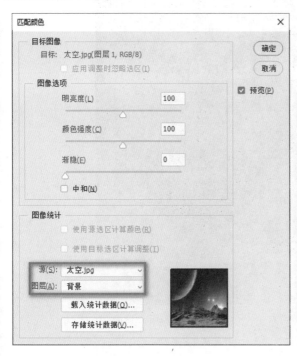

图 A07-33

图 A07-34

04 打开本课配套素材"E.T",按 Ctrl+T 快捷键进行自由变换,调整位置后即可完成所有操作,对外星人的色调和背景图色调进行了协调匹配,完成效果如图 A07-35 所示。

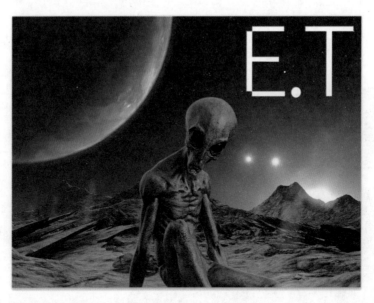

图 A07-35

A07.12　综合案例——人物写真色光调整

本综合案例原图和完成效果参考如图 A07-36 所示。

素材作者:muratkalenderoglu

(a) 原图　　　　　　　　　　　　　　(b) 完成效果参考

图 A07-36

操作步骤

01 打开本课配套的素材"男性",按 Ctrl+J 快捷键复制图层,单击【创建新的填充或调整图层】 ◎ 按钮,选择【纯色】
选项,色值为 R:119、G:0、B:180,命名为"绿色光",如图 A07-37 所示。设置图层"绿色光"的【混合模式】为减去,
如图 A07-38 所示,效果如图 A07-39 所示。

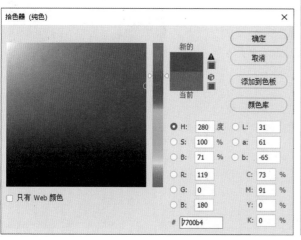

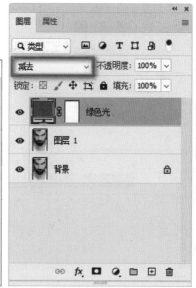

图 A07-37   图 A07-38   图 A07-39

02 按 Ctrl+J 快捷键复制图层"绿色光",将新图层命名为"紫色光",设置【混合模式】为叠加,如图 A07-40 所示,效
果如图 A07-41 所示。

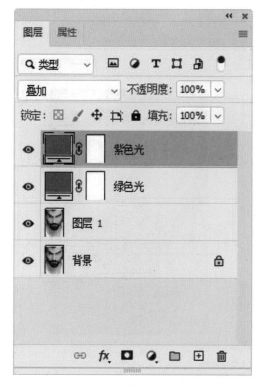

图 A07-40   图 A07-41

03 选择图层"绿色光"的【蒙版】，如图 A07-42 所示，使用【渐变工具】 ■，调整【渐变编辑器】为前景色到透明渐变，如图 A07-43 所示，按住 Shift 键从左向右水平拖曳鼠标，从而达到如图 A07-44 所示的效果。

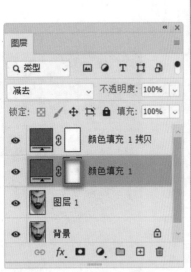

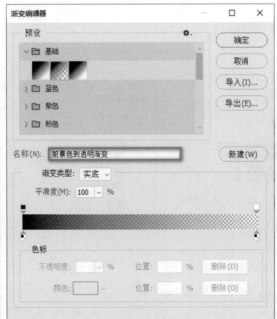

图 A07-42　　　　　　　　　　　图 A07-43　　　　　　　　　　　图 A07-44

04 选择图层"紫色光"的【蒙版】，使用【渐变工具】 ■，调整【渐变编辑器】为前景色到透明渐变，按住 Shift 键从右向左水平拖曳鼠标，如图 A07-45 所示，此时的效果如图 A07-46 所示。

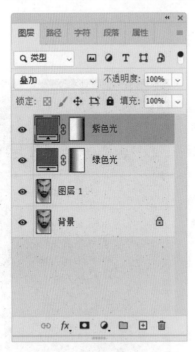

图 A07-45　　　　　　　　　　　图 A07-46

05 选择图层"绿色光"和图层"紫色光"，按 Ctrl+G 快捷键创建图层组"组 1"，选择图层组"组 1"，调整【不透明度】为 60%，如图 A07-47 所示，最终效果如图 A07-48 所示。

图 A07-47 图 A07-48

A07.13　作业练习——逆光人物调亮

本作业原图和完成效果参考如图 A07-49 所示。

素材作者：KEHN HERMANO

(a) 原图　　　　　　　　　　(b) 完成效果参考

图 A07-49

作业思路

　　按 Ctrl+Alt+2 快捷键选取高光后将选区反向并复制出新图层，将新复制图层的【混合模式】调整为滤色，合理搭配素材的布局。

主要技术

1.选取高光部分。

2.【反向】。

3.【混合模式】。

Layer Stlye

图层样式效果

A08.1 图层样式

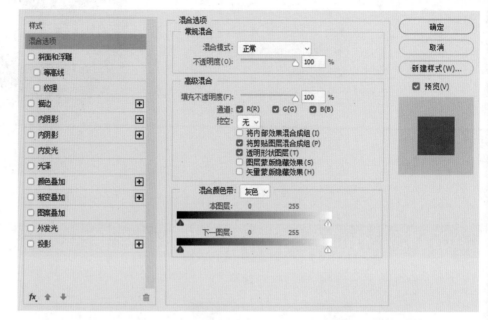

图层样式是图层外观效果，如阴影、发光和斜面等，这些效果可以通过调节参数控制，不会破坏图层本身的内容，属于无损操作的一种。可双击图层或单击图层列表下方添加图层样式按钮 fx 进行选择，打开【图层样式】对话框。

左侧是【样式】列表，可以在右侧的选项卡中调节对应的参数设置，其中列表右侧带有加号的是可以添加多个此效果并可以分别进行设置。

1. 样式

可直接选择样式效果，在此选项卡的菜单中还可以选择【导入样式】选项，从而导入外部的样式资源。

混合选项中的参数可以针对图层混合方面的属性进行设定。

2. 斜面与浮雕

可以生成类似凸出或凹陷的浮雕样式，经常用于立体文字、雕刻效果等。【等高线】可以通过坐标曲线的方式控制斜面的样式。通过【纹理】功能可以将图案作为立体凸起整合到斜面浮雕综合效果中，控制图案的大小、缩放以及凸起的深度，如图A08-1所示。

图 A08-1

3. 描边

使用【描边】效果时可以设置其【位置】，除了描实色边缘外，还可以选择【填充类型】，将渐变、图案作为描边使用，如图A08-2所示。

图 A08-2

4. 内阴影

【内阴影】就是在内部产生内刻的阴影效果，可以通过各类选项调整模糊的柔和程度、模糊的大小、影子的虚实等，如图 A08-3 所示。

图 A08-3

5. 内发光

【内发光】可以产生内部发光的效果，添加【杂色】数值可以增加发光部分的颗粒效果，如果选择【源】为【居中】，则会从中间向外发光，而不是从边缘向内发光，如图 A08-4 所示。

图 A08-4

6. 光泽

【光泽】可以模拟斑驳的光影，制作鎏金一般的柔顺光泽，有金属反光的效果，选择不同的【等高线】类型，可以生成不同的光泽模式，如图 A08-5 所示。

图 A08-5

7. 叠加

【颜色叠加】【渐变叠加】【图案叠加】可以通过【图层样式】对话框来完成，这是无损的填充方式，如图 A08-6 所示。

图 A08-6

8. 外发光

【外发光】与内发光相反，可以模拟很多发光物体，如灯光效果、突出显示效果等，如图 A08-7 所示。

图 A08-7

9. 投影

【投影】可以烘托图层内容的空间感，增强边缘的颜色对比，有了图层样式的投影，就不用手工制作投影了。选中【图层挖空投影】复选框时，即便图层填充度为零，也会遮住下方投影部分，如图 A08-8 所示。

图 A08-8

应用技巧

◆ 在图层列表中双击图层可以快速打开【图层样式】对话框。

◆ 在【图层】面板上，单击并拖曳图层样式可以快速地将该图层的【图层样式】移动给其他图层。

◆ 在【图层】面板上，按住 Alt 键单击并拖曳，图层样式可以快速地将图层的图层样式复制给其他图层。

A08.2　实例练习——给灯泡加上发光效果

本实例原图与完成效果参考如图 A08-9 所示。

素材作者：Pexels

(a) 原图　　　　　　　　　　　(b) 完成效果参考

图 A08-9

操作步骤

01 打开本课配套素材，使用【快速选择工具】选择需要发光的部分，按 Ctrl+J 快捷键复制一层，将新图层命名为"发光体"，如图 A08-10 所示。

图 A08-10

02 双击图层"发光体"打开【图层样式】对话框，选中并打开【外发光】选项卡，调整【不透明度】为50%，【颜色】的色值为R：253、G：207、B：60，【方法】为柔和，【扩展】为10%，【大小】为180像素，【范围】为50%，【抖动】为0%，如图 A08-11 所示，单击【确定】按钮提交操作，最终效果如图 A08-12 所示。

图 A08-11   图 A08-12

A08.3 实例练习——给足球加上投影效果

本实例原图与完成效果参考如图 A08-13 所示。

素材作者：Memed_Nurrohmad

(a) 原图   (b) 完成效果参考

图 A08-13

操作步骤

01 打开本课配套素材，执行【选择】-【主体】菜单命令，选中足球，按 Ctrl+J 快捷键复制一层，将新图层命名为"足球"，如图 A08-14 所示。

02 双击图层"足球"打开【图层样式】对话框，选中并打开【投影】选项卡，调整【不透明度】为 30%，【角度】为 60 度，【距离】调整为 200 像素，【扩展】为 0%，【大小】为 50 像素，如图 A08-15 所示，最终效果如图 A08-16 所示。

图 A08-14

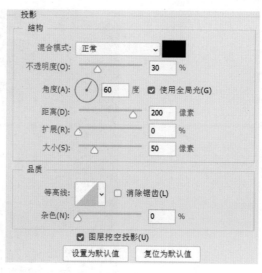
图 A08-15

图 A08-16

A08.4　综合案例——制作木质象棋

本综合案例完成效果参考如图 A08-17 所示。

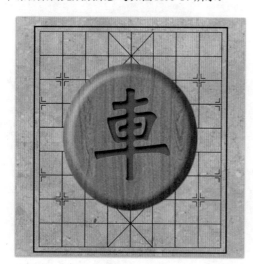
图 A08-17

操作步骤

01 打开本课的配套素材"木纹"，按 Ctrl+J 快捷键复制图层，命名为"木纹 1"，使用【椭圆框选工具】○.，在图层"木纹 1"上按住 Shift 键绘制一个正圆，如图 A08-18 所示。

图 A08-18

02 新建文档，设定尺寸为 600 像素 ×600 像素，【背景内容】为白色。使用【移动工具】➕，将步骤 01 中绘制的圆拖曳到新建文档中，命名为"图层 2"，如图 A08-19 所示。

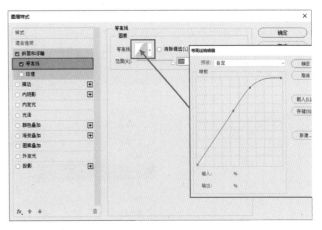

图 A08-21

图 A08-19

03 双击图层"图层 2"，打开【图层样式】对话框，选中并打开【斜面和浮雕】选项卡，调整【样式】为内斜面，【方法】为平滑，【深度】为 334%，【方向】为下，【大小】为 55像素，【软化】为 0 像素，【角度】为 -30 度，【高度】为 48 度，【高光模式】为滤色，【不透明度】为 63%，【阴影模式】为正片叠底，【不透明度】为 44%，选中【使用全局光】复选框，如图 A08-20 所示；选中并打开【等高线】选项卡，调整【范围】为 100%，在【等高线编辑器】对话框中进行调整，如图 A08-21 所示，效果如图 A08-22 所示。

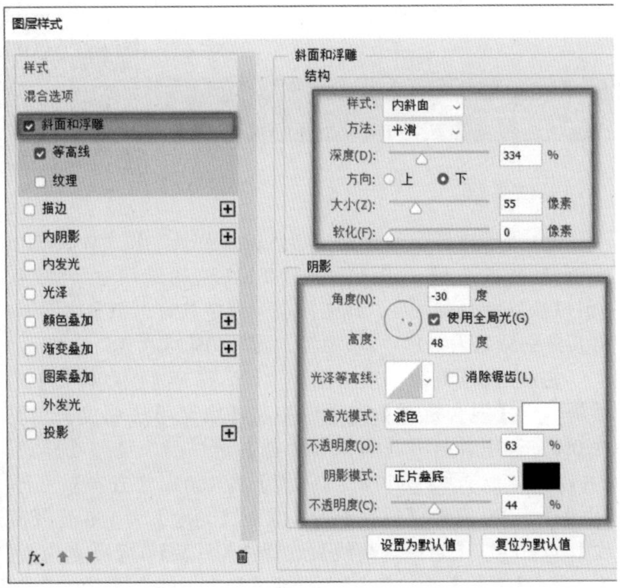

图 A08-22

04 使用【横排文字工具】T.，调整【字体】为"王汉宗魏碑繁体"，在图层"图层 2"圆心部位输入"車"，命名为"字"，如图 A08-23 所示。

图 A08-23

05 双击图层"字"打开【图层样式】对话框，选中并打开【内阴影】选项卡，调整【混合模式】为正片叠底，【不透明度】为 64%，【角度】为 122 度，【距离】为 8 像素，【阻

图 A08-20

塞】为0%，【大小】为6像素，【杂色】为0%，如图A08-24所示，单击【确定】按钮提交操作，效果如图A08-25所示。

06 打开本课配套素材"棋盘"，将其在图层列表中置底后即可完成所有操作，完成效果如图A08-26所示。

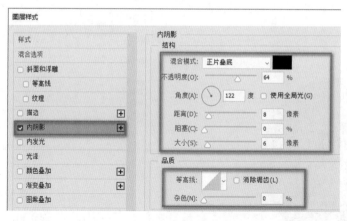

图 A08-24

图 A08-25

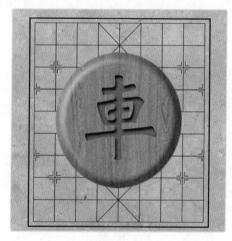

图 A08-26

A08.5　综合案例——制作透明玻璃字

本综合案例完成效果参考如图A08-27所示。

素材作者：DavidRockDesign

图 A08-27

操作步骤

01 打开本课配套素材"彩色三角背景"和"WENSEN玻璃透明字"，选择图层"WENSEN玻璃透明字"，连按Ctrl+J快捷键复制两层，此时图层列表中共有三个文字图层，将其分别命名为"1""2""3"，如图A08-28所示。

02 在图层列表中双击图层"1"，打开【图层样式】对话框，在【混合选项】选项卡中将【填充不透明度】调整为0%。选中并打开【斜面和浮雕】选项卡，调整【样式】为内斜面，【方法】为平滑，【深度】为100%，【方向】为上，【大小】为30像素，【软化】为0像素，【角度】为150度，【高度】为60度，【光泽等高线】选择锥形-反转，【高光模式】为正常，【颜色】为白色，【不透明度】为100%，【阴影模式】为正常，【颜色】为黑色，【不透明度】为10%，如图A08-29

所示。选中并打开【等高线】选项卡,将【等高线】调整为线性,【范围】为100%。选中并打开【内发光】选项卡,将【混合模式】调整为滤色,【不透明度】为69%,【杂色】为0%,【颜色】为白色,【渐变】为颜色到透明,【方法】为柔和,【源】为边缘,【阻塞】为0%,【大小】为13像素,【等高线】为线性,【范围】为50%,【抖动】为0%,如图A08-30所示,此时效果如图A08-31所示。

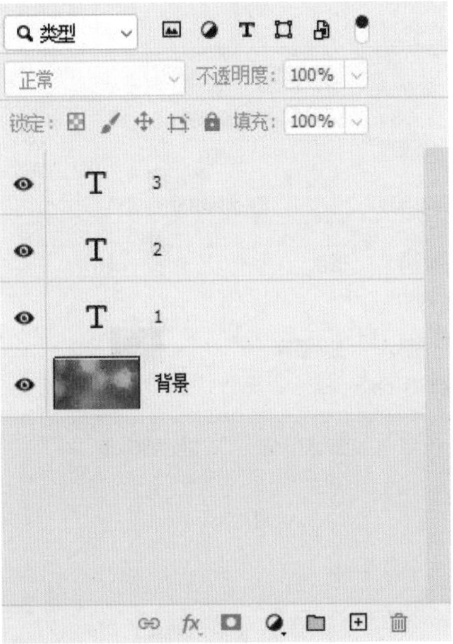

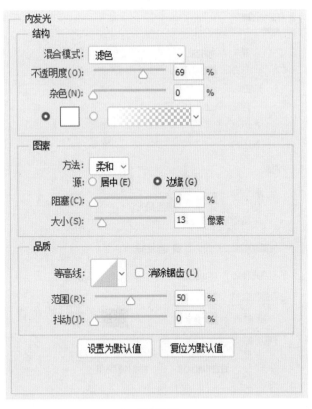

图 A08-30

图 A08-28

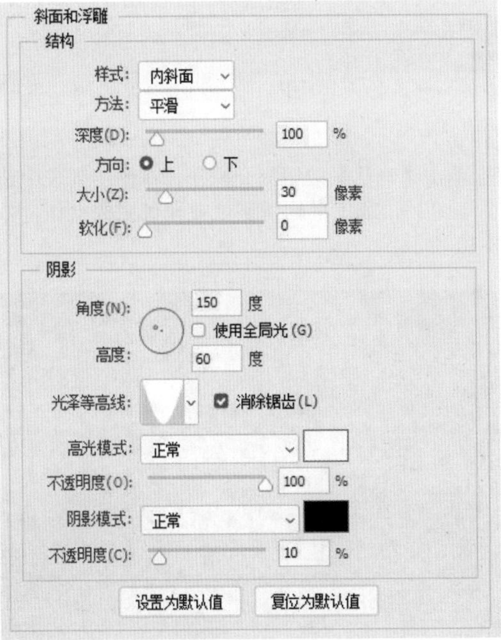

图 A08-29

图 A08-31

03 在图层列表中双击图层"2",打开【图层样式】对话框,在【混合选项】选项卡中将【填充不透明度】调整为0%;选中并打开【斜面和浮雕】选项卡,将【样式】调整为【内斜面】,【方法】为平滑,【深度】为100%,【方向】为上,【大小】为20像素,【软化】为0像素,【角度】为70度,【高度】也为70度,【光泽等高线】为线性,【高光模式】为滤色,【颜色】为白色,【不透明度】为100%,【阴影模式】为正片叠底,【颜色】为黑色,【不透明度】为0%,这一图层增强并丰富了高光,如图A08-32所示,此时效果如图A08-33所示。

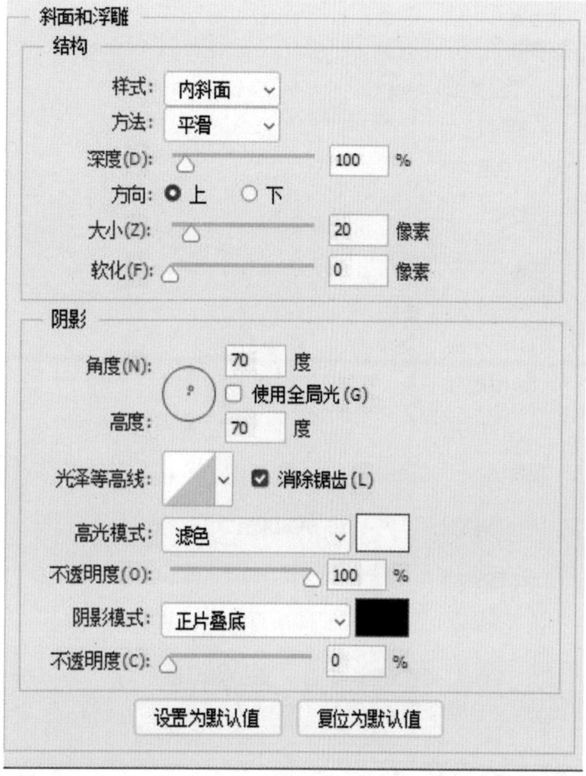

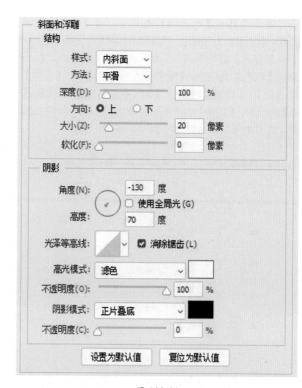

图 A08-32

图 A08-34

图 A08-33

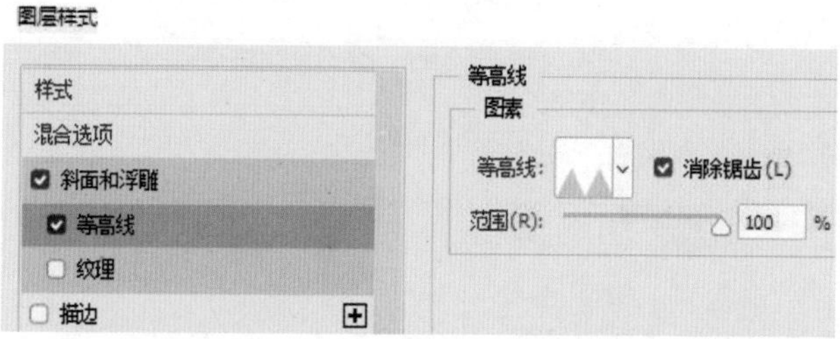

图 A08-35

05 单击【确认】按钮提交操作，在图层列表中选择图层 "1" ～ "3"，拖曳鼠标调整位置即可完成操作，效果如图 A08-36 所示。

04 在图层列表中双击图层 "3"，打开【图层样式】对话框，在【混合选项】选项卡中将【填充不透明度】调整为 0%；选中并打开【斜面和浮雕】选项卡，将【样式】调整为【内斜面】，【方法】为平滑，【深度】为 100%，【方向】为上，【大小】为 20 像素，【软化】为 0 像素，【角度】为 -130 度，【高度】为 70 度，【光泽等高线】为线性，【高光模式】为滤色，【颜色】为白色，【不透明度】为 100%，【阴影模式】为正片叠底，【颜色】为黑色，【不透明度】为 0%，如图 A08-34 所示。选中并打开【等高线】选项卡，将【等高线】调整为锯齿 1，【范围】为 100%，这一图层添加了反光的部分，如图 A08-35 所示。

图 A08-36

A08.6 作业练习——使图标变得立体

本作业原图和完成效果参考如图 A08-37 所示。

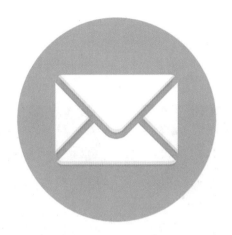 

素材作者：Deans_Icons

(a) 原图　　　　　　　　　　(b) 完成效果参考

图 A08-37

作业思路

执行【选择】-【主体】菜单命令并复制选区，调整新图层的图层样式，设置【斜面与浮雕】和【内阴影】的参数。

主要技术

1.【主体】。
2.【图层样式】（斜面与浮雕、内阴影）。

 读书笔记

A09课

图像滤镜特效

A09.1　滤镜概述

滤镜的本意是给相机镜头加上特殊的镜片，可以直接拍出带有特殊效果的照片。Photoshop 的滤镜命令即为图像施加特效。

1. 滤镜库滤镜

这是一个六组滤镜效果合集。单击选择某个滤镜，可以在命令窗口的左侧预览，可以叠加多个滤镜库内的滤镜效果，调整上下次序，效果也会随之不同，如图 A09-1 所示。

素材作者：yogendras31

图 A09-1

2. 液化滤镜

液化可以使图像变成类似浓稠液体的状态，可以使用推、拉、旋转、反射、折叠和膨胀等手段改变图像的任意区域，如图 A09-2 所示。

图 A09-2

3. 摄影校正类滤镜

此类滤镜主要偏重摄影后期方面的校正处理，尤其适合摄影发烧友、镜头硬核玩家等。内容包括自适应广角、镜头校正、消失点、Camera Raw 滤镜。

4. 风格化滤镜

风格化滤镜包括查找边缘、等高线、风、浮雕效果等一系列具有强烈艺术风格的滤镜，如图 A09-3 所示。

图 A09-3

5. 模糊类滤镜

模糊类滤镜可以使图像模糊柔和，或者具有景深效果、聚焦效果、动感效果等功能，如图 A09-4 所示。

素材作者：JayMantri

图 A09-4

A09.2　智能滤镜图层

　　滤镜命令可以应用于普通图层，也可以应用在智能对象上，在智能对象上添加的滤镜是智能滤镜，可以随时停用或删除滤镜。智能滤镜的参数可以反复调节，还可以调节智能滤镜的上下顺序，这是一种非破坏性编辑，如图 A09-5 所示。

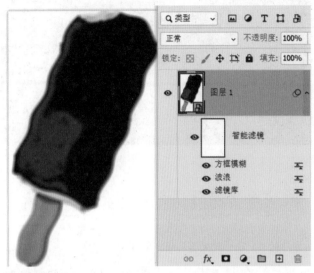

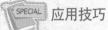 **应用技巧**

◆ 在智能对象上，每执行一次滤镜命令，就可以在智能滤镜列表添加一列，由下到上，按先后顺序排列。

◆ 单击小眼睛可临时隐藏该滤镜效果，双击滤镜名称可以调节该滤镜参数。

◆ 智能滤镜自带蒙版，可以通过蒙版显示或隐藏施加滤镜效果的部分。

◆ 执行一次滤镜命令后，如需再次执行同样的命令，可以按 Ctrl+Alt+F 快捷键。

◆ 单击智能滤镜的调整按钮后即可打开【混合选项】对话框，在【混合选项】对话框中还可以单独设置滤镜的【混合模式】及【不透明度】。

◆ 在将带有智能滤镜的图层进行自由变换操作时，滤镜效果将不会有预览效果，在操作结束后会自动恢复。

素材作者：OpenClipart-Vectors

图 A09-5

A09.3　人工智能滤镜（Neural Filters）

　　人工智能滤镜（Neural Filters）是新版 Photoshop 内的一个新工作区，是由 Adobe Sensei 提供支持的全新改良滤镜。它以使创作者使用最简单的操作，非常快速且便捷地为场景着色，放大图像的某些部分，也可以用来调整人物的情绪、面部年龄、眼神和姿势。其界面如图 A09-6 所示。

图 A09-6

A09.4 实例练习——粉笔画效果

本实例完成效果参考如图 A09-7 所示。

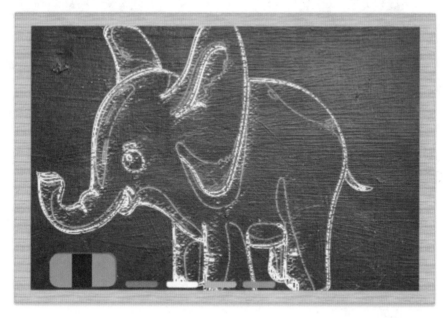

素材作者：creozavr、7089643

图 A09-7

操作步骤

01 打开本课配套的素材"大象"，执行【滤镜】-【风格化】-【查找边缘】菜单命令，如图 A09-8 所示。

02 按 Ctrl+I 快捷键反相，如图 A09-9 所示。

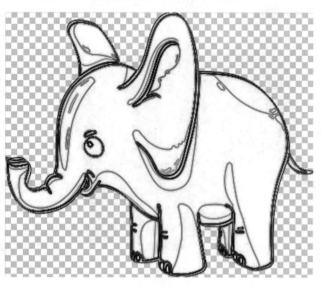

图 A09-8

图 A09-9

03 按 Ctrl+Shift+U 快捷键给图片去色，如图 A09-10 所示。

04 执行【滤镜】-【滤镜库】菜单命令，打开【滤镜库】面板，选择【艺术效果】-【粗糙蜡笔】滤镜，如图 A09-11 所示。调整【描边长度】为 7,【描边细节】为 6,【纹理】为砂岩,【缩放】为 98%,【凸现】为 14,【光照】为下, 如图 A09-12 所示, 效果如图 A09-13 所示。

图 A09-10

图 A09-11

图 A09-12

图 A09-13

05 打开本课配套素材"黑板",将处理好的"大象"拖曳至"黑板"文档,命名新图层为"大象2",如图 A09-14 所示。

06 在【图层】面板中调整图层"大象"的【混合模式】为滤色,打开本课配套素材"黑板框",将其在图层列表中置顶后即可完成所有操作,完成效果如图 A09-15 所示。

图 A09-14

图 A09-15

A09.5　综合案例——"枯木逢春"效果

本综合案例完成效果参考如图 A09-16 所示。

素材作者：jplenio

图 A09-16

操作步骤

01 打开本课配套素材"老树"，使用【钢笔工具】的【路径】模式在树的枝干绘制多条路径，如图 A09-17 所示。

02 新建图层，将新图层命名为"叶1"，执行【滤镜】-【渲染】-【树】菜单命令，调整【基本树类型】为枫树，【光照方向】为0，【叶子数量】为15，【叶子大小】为83，【树枝高度】为100，【树枝粗细】为0，选中【默认叶子】复选框，将"叶1"的【混合模式】调整为变亮，如图 A09-18 所示，效果如图 A09-19 所示。

图 A09-17

预设：自定		确定
基本　高级		复位

基本树类型：4：枫树　　　　　　　取消

光照方向：0

叶子数量：15

叶子大小：83

树枝高度：100

树枝粗细：0

☑ 默认叶子

叶子类型：1：叶子 1

图 A09-18

图 A09-19

位置。在图层列表分别为图层"叶 1"和"叶 2"添加图层蒙版，使用【画笔工具】✐擦除多余部分，完成效果如图 A09-20 所示。

图 A09-20

03 隐藏路径，按住 Alt 键拖曳复制"叶 1"，命名新图层为"叶 2"，选择图层"叶 2"，按 Ctrl+T 快捷键进行自由变换，右击选择【水平翻转】选项，将"叶 2"拖曳至合适

A09.6　综合案例——制作水中泡泡

本综合案例完成效果参考如图 A09-21 所示。

图 A09-21

操作步骤

01 新建文档，设定尺寸为 16 厘米 ×12 厘米，【分辨率】为 300 像素 / 英寸，【背景内容】为黑色，如图 A09-22 所示。

02 执行【滤镜】-【渲染】-【镜头光晕】菜单命令，调整【亮度】为 100%，【镜头类型】为 50—300 毫米变焦，如图 A09-23 所示，效果如图 A09-24 所示。

图 A09-22

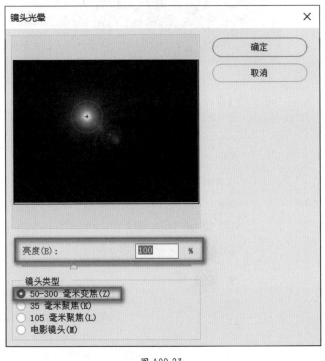

图 A09-23

图 A09-24

03 执行【滤镜】-【扭曲】-【极坐标】菜单命令，选择【极坐标到平面坐标】单选按钮，如图 A09-25 所示，效果如图 A09-26 所示。

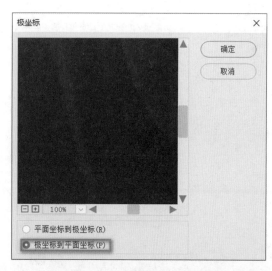

图 A09-25

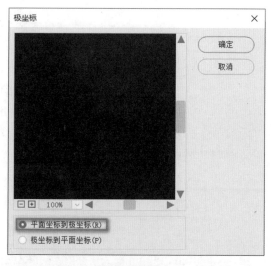

图 A09-28

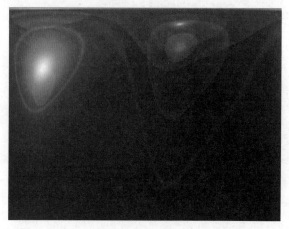

图 A09-26

图 A09-29

04 按 Ctrl+T 快捷键进行自由变换，右击图层，选择
【旋转 180°】选项，如图 A09-27 所示；执行【滤镜】-【扭
曲】-【极坐标】菜单命令，选择【平面坐标到极坐标】单
选按钮，如图 A09-28 所示，效果如图 A09-29 所示。

05 使用【魔棒工具】选择背景部分，按 Ctrl+Shift+I
快捷键反选，按 Ctrl+J 快捷键复制图层，如图 A09-30 所示。

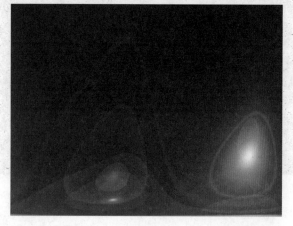

图 A09-27

图 A09-30

06 打开本课配套素材"水母"，拖曳步骤 06 复制出的图层"图层1"到"水母"上，调整【混合模式】为滤色，如图 A09-31 所示，调整大小进行自由变换，效果如图 A09-32 所示。

图 A09-31   图 A09-32

07 按住 Alt 键拖曳，复制出多个泡泡，按 Ctrl+T 快捷键进行自由变换，将泡泡调整为不同大小，从而完成最终效果如图 A09-33 所示。

图 A09-33

A09.7　综合案例——下雨效果

本综合案例原图与完成效果参考如图 A09-34 所示。

(a) 原图

素材作者：Hans

(b) 完成效果参考
图 A09-34

操作步骤

01 打开本课配套素材"撑伞背影"，新建图层并命名为"图层 1"，将"图层 1"填充为黑色。执行【滤镜】-【杂色】-【添加杂色】菜单命令，调整【数量】为 75%，选

择【平均分布】单选按钮，选中【单色】复选框，如图 A09-35 所示。

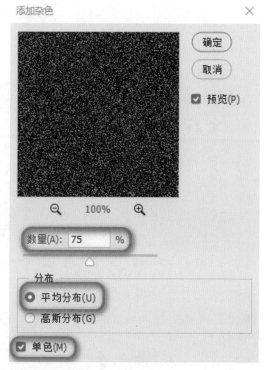

图 A09-35

02 执行【滤镜】-【模糊】-【高斯模糊】菜单命令，调整【半径】为 0.5 像素，如图 A09-36 所示。

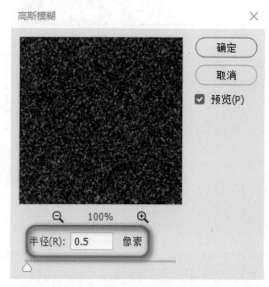

图 A09-36

03 执行【滤镜】-【模糊】-【动感模糊】菜单命令，调整【角度】为 60 度，调整【距离】为 50 像素，如图 A09-37 所示。

图 A09-37

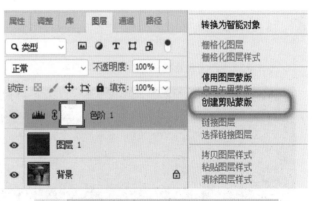

04 在图层列表将"图层 1"的【混合模式】调整为滤色，单击【创建新的填充或调整图层】 ◑.按钮，选择【色阶】选项添加一个色阶调整图层，如图 A09-38 所示。

图 A09-38

05 右击图层"色阶 1"，选择【创建剪贴蒙版】选项，打开【属性】面板，拖曳【色阶】下的滑块，调整到合适数值，如图 A09-39 所示。

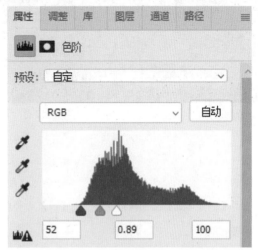

图 A09-39

06 下雨效果制作完成，最终效果如图 A09-40 所示。

图 A09-40

A09.8 作业练习——流星雨效果

本作业原图和完成效果参考如图 A09-41 所示。

素材作者：Bru-nO

(a) 原图 (b) 完成效果参考

图 A09-41

作业思路

使用【画笔工具】绘制白点，再使用【风】命令将白点拉长，调整白点角度以及【混合模式】和【外发光】的参数。

主要技术

1.【画笔工具】。

2.【风】命令。

3.【自由变换】。

4.【外发光】。

 读书笔记

B 案例篇

本篇根据案例的技术特点分为修图调整、设计制作、文字效果、图像特效、合成效果、调色润色、动画三维 7 课。每课又由实例练习、综合案例、作业练习 3 个模块构成，通过本篇的大量案例练习可以精通 Photoshop 技能。

B01.1 实例练习——模糊图片变清晰

本实例原图和完成效果参考如图 B01-1 所示。

素材作者：pinwhalestock

(a) 原图　　　　　　　　　　　(b) 完成效果参考

图 B01-1

操作步骤

01 打开本课配套素材"标志"，按 Ctrl+Alt+I 快捷键打开【图像大小】对话框，调整【宽度】为 1250 像素，【高度】为 1370 像素，【重新采样】为保留细节（扩大），【减少杂色】为 11%，如图 B01-2 所示。

图 B01-2

02 执行【滤镜】-【模糊】-【高斯模糊】菜单命令，将【半径】调整为 0.1 像素，如图 B01-3 所示。

03 按 Ctrl+M 快捷键打开【曲线】窗口，在其中拖曳曲线控点，调整后的曲线如图 B01-4 所示，使图像变得清晰，完成效果如图 B01-5 所示。

图 B01-3

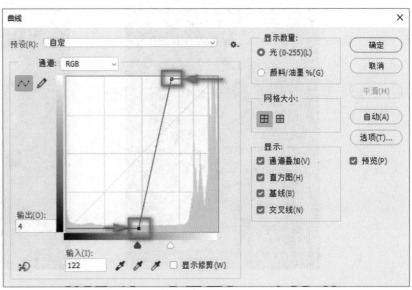

图 B01-4

图 B01-5

B01.2　实例练习——加强光线

本实例原图与完成效果参考如图 B01-6 所示。

素材作者：Pexels

(a) 原图　　　　　　　　　(b) 完成效果参考

图 B01-6

操作步骤

01 打开本课配套素材"侧脸女性"，使用【多边形套索工具】框选出需要处理的区域，如图 B01-7 所示。

羽化选区　　　　　　　　　✕

羽化半径(R)：25　像素　　确定

☐ 应用画布边界的效果　　取消

图 B01-8

03 在图层"背景"上方添加一个空白图层，将其命名为"图层 1"，设定前景色为白色，按 Alt+Delete 快捷键填充白色，如图 B01-9 所示。

图 B01-7

02 在选区内右击选择【羽化】选项，或按 Shift+F6 快捷键，如图 B01-8 所示，调整【羽化半径】为 25 像素。

图 B01-9

04 在图层列表中将【混合模式】改为叠加，如图 B01-10 所示。这样加强光线的效果就完成了，如图 B01-11 所示。

图 B01-10

图 B01-11

B01.3　综合案例——调正身份证

本综合案例原图和完成效果参考如图 B01-12 所示。

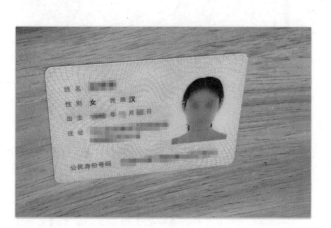

(a) 原图

(b) 完成效果参考

图 B01-12

操作步骤

01 新建文档，在【新建文档】对话框中选择【打印】-【A4】预设，选择【圆角矩形工具】 ▭ 的【形状】模式，在选项栏中设置【描边】为空白。单击画布打开【创建圆角矩形】对话框，调整【宽度】为8.56厘米,【高度】为5.4厘米，单位"厘米"要手工输入；将所有圆角的【半径】调整为25像素，如图B01-13所示。

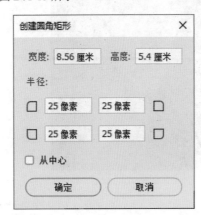

图 B01-13

02 调整绘制好的圆角矩形的位置，如图B01-14所示，将该图层命名为"尺寸"。

图 B01-14

03 打开本课配套素材"身份证"，使用【透视裁剪工具】 ▯，在选项栏中设置身份证的【宽】（W）为1011像素，【高】（H）为638像素，【分辨率】为300像素/英寸，如图B01-15所示。

图 B01-15

04 在画布中框选身份证的四个角，如图B01-16所示，按 Enter 键提交操作。

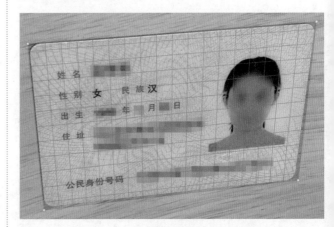

图 B01-16

05 使用【移动工具】 ✛ 将调正的身份证拖曳到步骤 01 新建的A4文档中，使其与圆角矩形重合，将该图层命名为"身份证"，按 Ctrl+Alt+G 快捷键创建剪贴蒙版，如图B01-17所示。

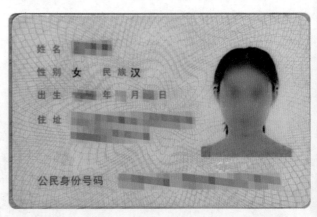

图 B01-17

06 选择图层"身份证"，按 Ctrl+T 快捷键进行自由变换，将身份证图片等比放大至四边与圆角矩形重合，如图B01-18所示。

07 在图层列表中双击图层"尺寸"，打开【图层样式】对话框，选中并打开【描边】选项卡，调整【结构】-【大小】为2像素，【颜色】为灰色（色值为R：174、G：174、B：174）。这样就将身份证调正了，效果如图B01-19所示。

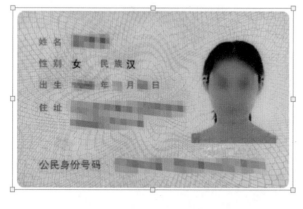

图 B01-18

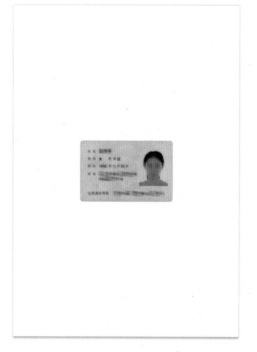

图 B01-19

B01.4 综合案例——"九宫格"切图技巧

本综合案例完成效果参考如图 B01-20 所示。

 豆包
美丽的风景！

素材作者：Sonyuser

图 B01-20

操作步骤

01 本课介绍在朋友圈或微博发布"九宫格"图片的切图技巧。打开本课配套素材"美丽的风景",按 Ctrl+K 快捷键打开【首选项】对话框,打开【参考线、网格和切片】选项卡,调整【网格线间隔】为 33.3 百分比,如图 B01-21 所示。执行【视图】-【显示】-【网格】菜单命令,效果如图 B01-22 所示。

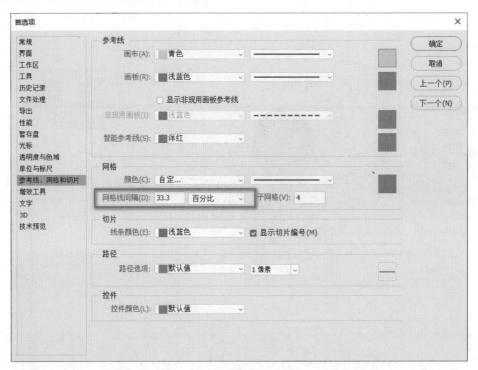

图 B01-21

图 B01-22

02 执行【视图】-【新建参考线】菜单命令,分别添加两条【垂直参考线】和【水平参考线】,将添加的参考线分别拖曳至网格线所在的三等分位置,效果如图 B01-23 所示。

图 B01-23

03 使用【切片工具】 ，单击上方选项栏中的【基于参考线的切片】按钮，如图 B01-24 所示，效果如图 B01-25 所示。

图 B01-24

图 B01-25

04 执行【文件】-【导出】-【存储为 Web 所用格式（旧版）】菜单命令，调整【图片格式】为 JPEG，如图 B01-26 所示。单击【存储】按钮，将切好的图片保存到指定文件夹。接下来就可以将保存好的图片按顺序发布到朋友圈了，效果如图 B01-27所示。

图 B01-26

豆包
美丽的风景！

图 B01-27

B01.5　综合案例——给人物化妆

本综合案例原图与完成效果参考如图 B01-28 所示。

(a)　原图

素材作者：JerzyGorecki

(b)　完成效果参考
图 B01-28

操作步骤

01 打开本课配套素材"女性写真"。首先为人物绘制眼影，新建一个空白图层，使用【画笔工具】 ✎，调整【流量】为 100%；在【选择前景色】 ■ 中选择想作为眼影的颜色，在人物眼睛上方涂抹，如图 B01-29 所示。

图 B01-29

02 设置该图层的【混合模式】为颜色，眼影颜色过重的话可以降低不透明度，这样人物眼影就绘制完成了，此时效果如图 B01-30 所示。

图 B01-30

03 为人物绘制腮红。使用【套索工具】 ✐ 在人物脸颊位置圈选，然后在选区内右击，选择【羽化】选项，如图 B01-31 所示；在对话框中输入合适的数值，【羽化半径】越大，腮红边缘越模糊，效果越自然，但也不宜过大，以免效果不佳。

图 B01-31

04 在图层上方添加【曲线】调色图层，如图 B01-32 所示。调节 RGB 曲线，将红色曲线向左上方拖曳，然后将绿色曲线向右下方拖曳，如图 B01-33 所示，直至调整出一个自然的腮红颜色，效果如图 B01-34 所示。

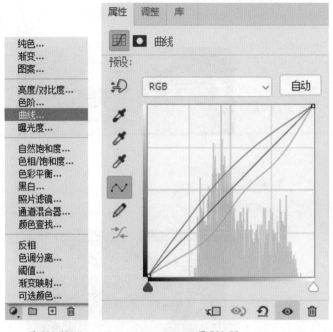 

图 B01-32   图 B01-33   图 B01-34

05 接下来涂抹口红，使用【多边形套索工具】框选出嘴唇轮廓，在选区内右击，选择【羽化】选项，设置【羽化半径】为 10。在图层列表最上方新建图层"口红"，设定前景色的色值为 R：167、G：45、B：40，按 Alt + Delete 快捷键填充前景色，效果如图 B01-35 所示。

06 设置图层"口红"的【混合模式】为正片叠底，不透明度设为 68%，效果如图 B01-36 所示。

图 B01-35   图 B01-36

07 在图层列表中双击图层"口红"，打开【图层样式】对话框，在【混合选项】选项卡中调整【混合颜色带】，按住 Alt 键拖曳【本图层】和【下一图层】滑块，如图 B01-37 所示，将口红的颜色自然地融于皮肤之中，完成的化妆效果如图 B01-38 所示。

图 B01-38

混合颜色带： 灰色 ⌄

本图层： 0 / 106　255

下一图层： 0 / 75　161 / 255

图 B01-37

B01.6　综合案例——给人物磨皮

本综合案例原图与完成效果参考如图 B01-39 所示。

(a) 原图

素材作者：AdinaVoicu

(b) 完成效果参考

图 B01-39

操作步骤

01 打开本课配套素材"小男孩",复制一个图层,将其命名为"图层 1",执行【图像】-【调整】-【反相】菜单命令;或者直接使用快捷键,先按 Ctrl+J 快捷键再按 Ctrl+I 快捷键达到【反相】效果,如图 B01-40 所示。

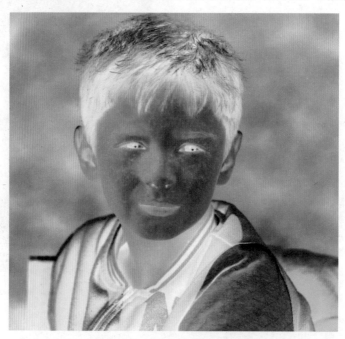

图 B01-40

02 在图层列表中选择图层"图层 1",将其【混合模式】调整为亮光。执行【滤镜】-【其他】-【高反差保留】菜单命令,调整【半径】为 6.6 像素,如图 B01-41 所示,此时效果如图 B01-42 所示。

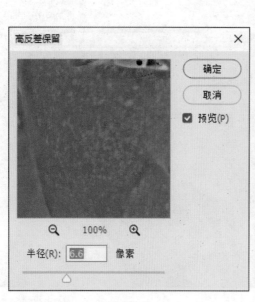

图 B01-41

图 B01-42

03 执行【滤镜】-【模糊】-【高斯模糊】菜单命令,调整【半径】为 0.8 像素,如图 B01-43 所示,此时效果如图 B01-44 所示。

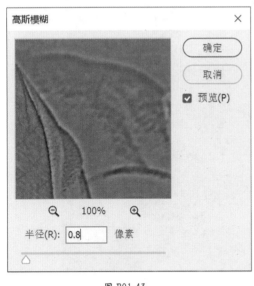

图 B01-43 | 图 B01-44

04 在图层列表选中"图层 1"，按住 Alt 键对其添加一个黑色蒙版。使用【画笔工具】 ✐，设定前景色为白色，在蒙版上涂抹，如图 B01-45 所示。磨皮完成效果如图 B01-46 所示。

图 B01-45 | 图 B01-46

B01.7 综合案例——制作古风人物工笔画

本综合案例原图和完成效果参考如图 B01-47 所示。

素材作者：miapowterr

(a) 原图   (b) 完成效果参考

图 B01-47

操作步骤

01 打开本课配套素材"京剧女"，改变一下衣服较亮部分的色调。单击图层列表下方的【创建新的填充或调整图层】按钮，选择【可选颜色】选项，打开【属性】面板，设置【颜色】为蓝色，调整【青色】为-12%，【洋红】为-40%，【黄色】为-62%，【黑色】为-39%，如图 B01-48 所示，效果如图 B01-49 所示。

图 B01-48   图 B01-49

02 单击图层列表下方的【创建新的填充或调整图层】 按钮，选择【自然饱和度】选项，打开【属性】面板，调整【自然饱和度】为0，【饱和度】为-60，如图B01-50所示，效果如图B01-51所示。

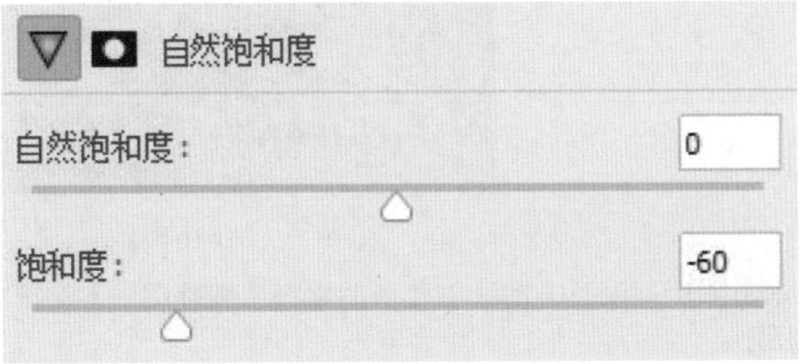

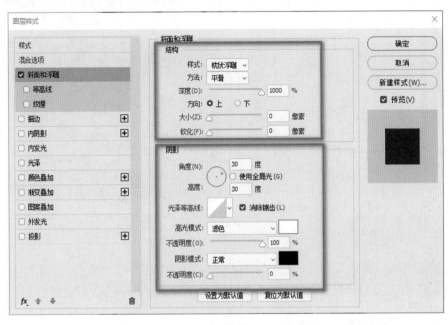

图 B01-50

图 B01-51

03 新建图层，将其命名为"背景色"，设定前景色的色值为R:144、G：121、B：83、使用Alt+Delete快捷键进行填充，调整该图层【混合模式】为【正片叠底】。在图层列表双击"背景色"打开【图层样式】对话框，选中并打开【斜面和浮雕】选项卡，调整【样式】为【枕状浮雕】,【方法】为【平滑】,【深度】为1000%,【方向】为下。接下来调整【阴影】，调整【角度】为30度。【高度】为30度，【光泽等高线】为线性；【高光模式】为滤色，【色值】为白色，不透明度为100%。阴影的【不透明度】为0%，如图B01-52所示，接下来选中并打开【纹理】选项卡，调整【图案】为【草】,【缩放】为37%,【深度】为-95%，如图B01-53所示，此时效果如图B01-54所示。

图 B01-52

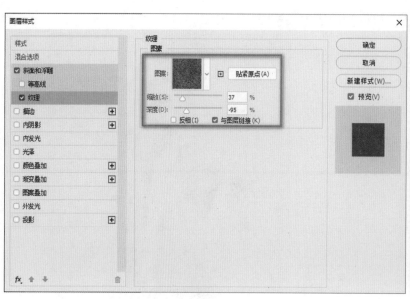

图 B01-53

图 B01-54

04 可以观察到整体颜色较暗，下面将图片颜色调亮。单击图层列表下方的【创建新的填充或调整图层】 按钮，选择【曲线】选项，在【属性】面板调整曲线数值，如图 B01-55 所示。

05 再添加一些装饰素材使画面整体更加完善，风古人物工笔画完成效果如图 B01-56 所示。

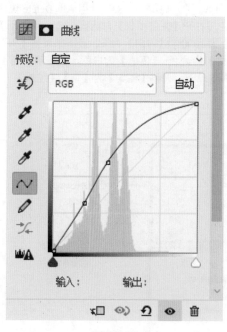

图 B01-55

图 B01-56

B01.8 作业练习——为人像去痘、去皱纹

本作业原图和完成效果参考如图 B01-57 所示。

素材作者：Andrea Piacquadio

(a) 原图   (b) 完成效果参考

图 B01-57

作业思路

　　去除人物额头附近的红斑，选出并复制抬头纹的部分，使用【污点修复画笔工具】对脸部进行修复，再执行【滤镜】-【Neural Filters】菜单命令使皮肤变得平滑。将复制的抬头纹图层降低不透明度，添加蒙版，使用【画笔工具】降低不透明度与流量，擦拭抬头纹达到平滑的过渡效果。

主要技术

1.【修补工具】。
2.【套索工具】。
3.【污点修复画笔工具】。
4.【滤镜】。
5.【图层蒙版】。
6.【画笔工具】。

B01.9　作业练习——突出蓝色眼睛

本作业原图和完成效果参考如图 B01-58 所示。

素材作者：3803658

(a) 原图   (b) 完成效果参考

图 B01-58

作业思路

绘制黑白渐变效果，使用【混合模式】混合图像，多次使用【可选颜色】调整瞳孔色彩。

主要技术

1.【渐变工具】。

2.【混合模式】。

3.【创建新的填充或调整图层】-【可选颜色】。

读书笔记

B02.1　实例练习——制作彩虹

本实例完成效果参考如图 B02-1 所示。

图 B02-1

操作步骤

01 新建文档，设定尺寸为 1920 像素 ×1080 像素，【分辨率】为 72 像素 / 英寸，【背景内容】为白色，如图 B02-2 所示。

图 B02-2

02 新建图层，将其命名为"图层 1"，如图 B02-3 所示。

图 B02-3

03 选择【渐变工具】，单击选项栏中的渐变条，如图 B02-4 所示，打开【渐变编辑器】对话框。

图 B02-4

04 在【渐变编辑器】对话框中选择彩虹色预设，如图 B02-5 所示。

图 B02-5

05 单击渐变条下方边缘，在原来的基础上添加两个色标，如图 B02-6 所示。

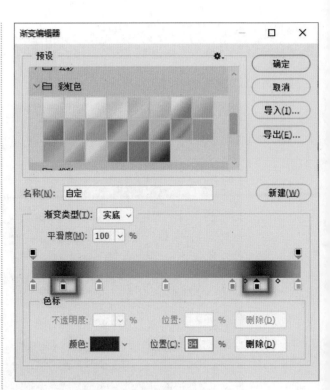

图 B02-6

06 按照彩虹的颜色设定七个色标的颜色，顺序为红、橙、黄、绿、青、蓝、紫，如图 B02-7 所示。

图 B02-7

07 单击渐变条上方边缘，添加两个不透明度色标，放在红、紫两个色标上方，将它们的【不透明度】调整为 0%，如图 B02-8 所示，单击【确定】按钮。

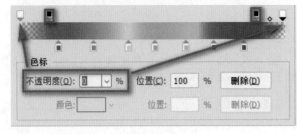

图 B02-8

08 选择【渐变工具】按住 Shift 键从上往下拖曳，绘制一道"彩虹"，效果如图 B02-9 所示。

09 执行【滤镜】-【扭曲】-【极坐标】菜单命令，选中【平面坐标到极坐标】单选按钮并单击【确定】按钮，如图 B02-10 所示。按 Ctrl+T 快捷键进行自由变换，将处理好的彩虹圈放大，效果如图 B02-11 所示。

图 B02-9

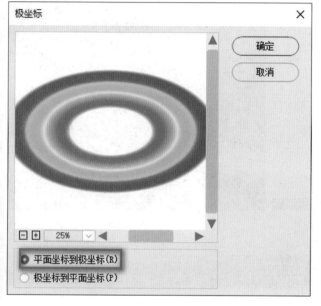

图 B02-10

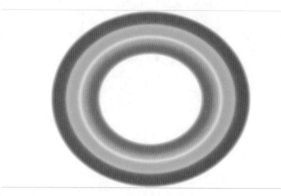

图 B02-11

10 选中图层"图层 1",单击【添加图层蒙版】□ 按钮创建蒙版,如图 B02-12 所示。

图 B02-12

11 打开【渐变编辑器】对话框,选择【基础】-【黑,白渐变】预设,如图 B02-13 所示。

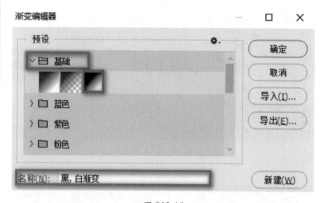

图 B02-13

12 按住 Shift 键绘制,隐去彩虹多余的部分,如图 B02-14 所示。

图 B02-14

13 打开本课配套素材"沙滩",将制作好的彩虹拖曳到"沙滩"文档中,移动至合适的位置,如图 B02-15 所示。

14 将彩虹的【混合模式】改为滤色，如图 B02-16 所示。完成效果如图 B02-17 所示。

图 B02-15　　　　　　　　　　图 B02-16　　　　　　　　　　图 B02-17

B02.2　实例练习——制作条形码风格

本实例完成效果如图 B02-18 所示。

图 B02-18

操作步骤

01 新建文档，设定尺寸为 300 像素 ×200 像素，【分辨率】为 72 像素 / 英寸，【背景内容】为白色，如图 B02-19 所示。

图 B02-19

02 执行【滤镜】-【杂色】-【添加杂色】菜单命令，调整【数量】为 400%，【分布】为平均分布，选中【单色】复选框，如图 B02-20 所示，效果如图 B02-21 所示。

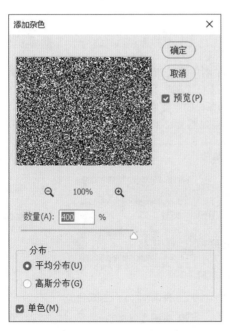

图 B02-20

图 B02-21

03 执行【滤镜】-【模糊】-【动感模糊】菜单命令，调整【角度】为 90 度，【距离】为 1000 像素，如图 B02-22 所示，效果如图 B02-23 所示。

图 B02-22

图 B02-23

04 执行【图像】-【调整】-【阈值】菜单命令，调整【阈值色阶】为 230，如图 B02-24 所示，效果如图 B02-25 所示。

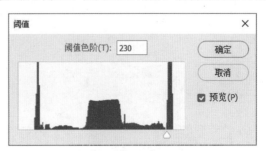

图 B02-24

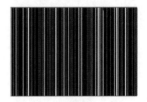

图 B02-25

05 选择【矩形选框工具】框选出大小合适的矩形区域，将多余部分删除，如图 B02-26 所示；在矩形下方添加文字，条形码完成效果如图 B02-27 所示。

图 B02-26

图 B02-27

B

案例篇

B02.3 实例练习——制作冰花效果

本实例完成效果参考如图 B02-28 所示。

图 B02-28

操作步骤

01 新建文档，设定尺寸为 900 像素 ×900 像素，【分辨率】为 72 像素 / 英寸，【背景内容】为白色，如图 B02-29 所示。

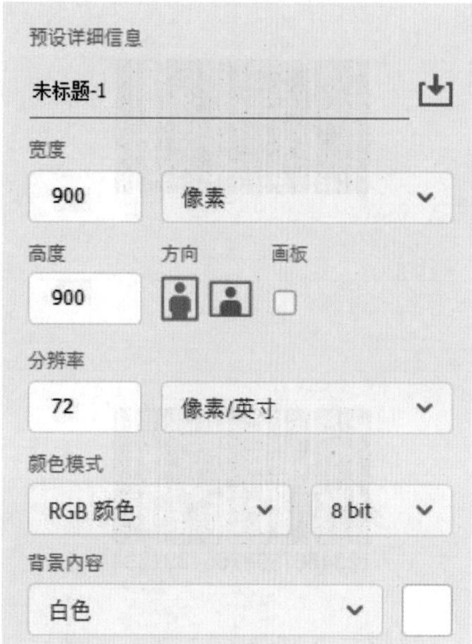

预设详细信息

未标题-1

宽度
900   像素

高度   方向   画板
900

分辨率
72   像素/英寸

颜色模式
RGB 颜色   8 bit

背景内容
白色

图 B02-29

02 在图层列表下方单击【创建新的填充或调整图层】按钮，选择【渐变】选项，在【渐变填充】窗口中设置【渐变】为预设的"蓝色_16"，【角度】为 45 度，如图 B02-30 所示，效果如图 B02-31 所示。

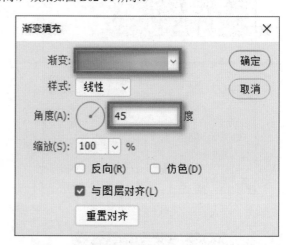

渐变填充   ×

渐变：

样式：线性

角度(A)：45   度

缩放(S)：100   %

反向(R)   仿色(D)

☑ 与图层对齐(L)

重置对齐

确定

取消

图 B02-30

图 B02-31

03 选择【矩形工具】的【形状】模式，在选项栏中设置【填充】为白色，【描边】为无，按住 Shift 键绘制一个正方形，将该图层命名为"1"，如图 B02-32 所示。

04 在图层列表中选择图层"1"，按 Ctrl+T 快捷键进行自由变换，在选项栏中调整【旋转角度】为 45 度，再次自由变换，拖曳控点将正方形调整为菱形，如图 B02-33 所示。

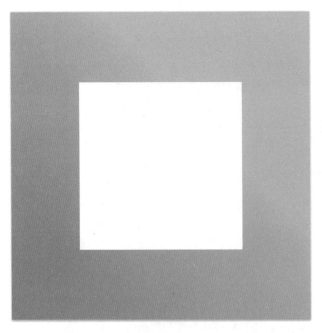

图 B02-32 图 B02-33

05 在图层列表中双击图层"1"，在【图层样式】对话框中打开【混合选项】选项卡，设置【混合模式】为柔光，【填充不透明度】为 50%，如图 B02-34 所示。

图层样式		✕

样式

混合选项

斜面和浮雕
　等高线
　纹理
□ 描边 ⊞
□ 内阴影 ⊞
□ 内发光
□ 光泽
□ 颜色叠加 ⊞
□ 渐变叠加 ⊞
□ 图案叠加
□ 外发光
□ 投影 ⊞
□ 投影 ⊞

混合选项
常规混合
混合模式(D): 柔光
不透明度(O): 100 %

高级混合
填充不透明度(F): 50 %
通道: ☑ R(R) ☑ G(G) ☑ B(B)
挖空(N): 无
□ 将内部效果混合成组(I)
☑ 将剪贴图层混合成组(P)
☑ 透明形状图层(T)
□ 图层蒙版隐藏效果(S)
□ 矢量蒙版隐藏效果(H)

混合颜色带(E): 灰色
本图层: 0 255
下一图层: 0 255

确定
取消
新建样式(W)...
☑ 预览(V)

图 B02-34

06 在图层列表中选择图层"1"，连按5次 Ctrl+J 快捷键复制图层，将新图层分别命名为"2"～"6"，如图 B02-35 所示。选择图层"2"，按 Ctrl+T 快捷键进行自由变换，在选项栏中将【旋转角度】调整为30度；执行同样的操作，将图层"3"旋转60度，图层"4"旋转90度，图层"5"旋转120度，图层"6"旋转150度，效果如图 B02-36 所示。

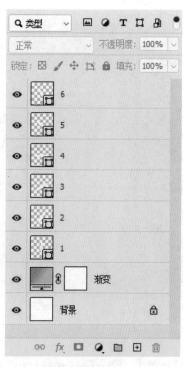

图 B02-35

图 B02-36

07 在图层列表中选中图层 "1" ~ "6"，按 Ctrl+G 快捷键编组并将图层组命名为 "大"；按 Ctrl+J 快捷键复制图层组 "大"，将新图层组命名为 "小"，如图 B02-37 所示。选择图层组 "小" 并按 Ctrl+T 快捷键进行自由变换，在选项栏中设置其 【旋转角度】为 15 度并适当将其缩小，如图 B02-38 所示。

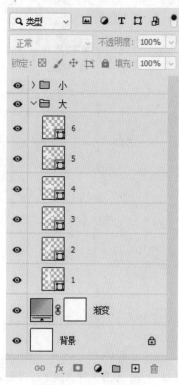

图 B02-37

图 B02-38

08 在图层列表中选中图层组"大"和"小"，按 Ctrl+G 快捷键再次进行编组，将新图层组命名为"冰花"，如图 B02-39 所示；按 Ctrl+T 快捷键进行自由变换，调整其位置，效果如图 B02-40 所示。

图 B02-39

图 B02-40

09 打开本课配套素材"Ice flower"，将其在图层列表中置顶。这样漂亮的冰花效果就制作好了，完成效果如图 B02-41 所示。

图 B02-41

B02.4　实例练习——制作邮票风格

本实例完成效果参考如图 B02-42 所示。

图 B02-42

操作步骤

01 打开本课配套素材"女士"，按住 Ctrl 键单击"图层 0"的缩览图生成选区，如图 B02-43 所示。

图 B02-43

02 打开【路径】面板，单击【从选区生成工作路径】◇ 按钮，生成"工作路径"，如图 B02-44 所示。

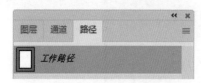

图 B02-44

03 选择【橡皮擦工具】，在选项栏中打开【画笔设置】 ☑ 面板，调整【大小】为 20 像素，【间距】为 150%，如图 B02-45 所示。

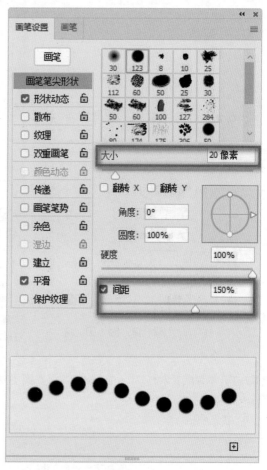

图 B02-45

04 在【路径】面板中右击"工作路径"，选择【描边路径】选项，如图 B02-46 所示。

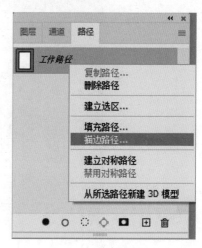

图 B02-46

05 在【描边路径】对话框中设置【工具】为橡皮擦，如图 B02-47 所示，单击【确定】按钮，完成的邮票效果如图 B02-48 所示。

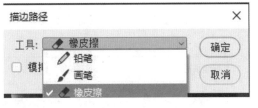

图 B02-47

图 B02-48

B02.5 实例练习——制作酷炫 3D 线条

本实例完成效果参考如图 B02-49 所示。

图 B02-49

操作步骤

01 新建一个 Web 文档，在【空白文档预设】中选择"网页 - 大尺寸"，不选中【画板】复选框，设置背景色为黑色，前景色为灰色，按 Ctrl+Shift+N 快捷键新建一个图层，将其命名为"图层 1"。在"图层 1"中选择【钢笔工具】 ，在选项栏中选择【路径】 模式，绘制一条曲线，如图 B02-50 所示。

图 B02-50

02 选择【画笔工具】 ，在选项栏中打开【画笔预设】浮动面板，选择【常规画笔】中的【柔边圆压力大小】，设置【大小】为 3 像素，如图 B02-51 所示。

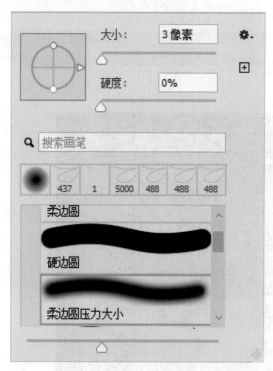

图 B02-51

03 执行【窗口】-【路径】菜单命令，在【路径】面板中右击选择【描边路径】选项，如图 B02-52 所示。

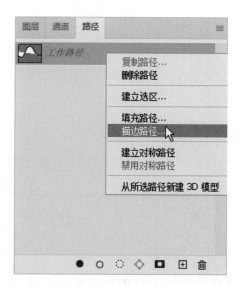

图 B02-52

04 在【描边路径】对话框中设置【工具】为画笔，选中【模拟压力】复选框，单击【确定】按钮，如图 B02-53 所示。

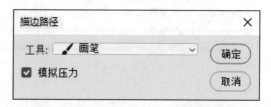

图 B02-53

05 在【图层】面板中按住 Ctrl 键单击"图层 1"的缩览图生成选区，如图 B02-54 所示。

图 B02-54

06 执行【编辑】-【定义画笔预设】菜单命令，将画笔命名为"曲线 1"，如图 B02-55 所示，单击【确定】按钮。

07 按 Ctrl+H 快捷键隐藏钢笔路径，在图层列表中单击 图标隐藏"图层 1"，如图 B02-56 所示。

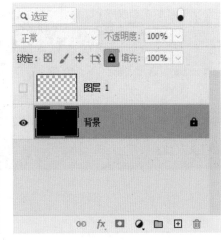

画笔名称

名称(N): 曲线1

确定

取消

885

图 B02-55

图 B02-56

08 选择【画笔工具】，选择刚才自定义的"曲线1"画笔，然后按 F5 键打开【画笔设置】面板将【画笔笔尖形状】的【间距】调整为 2%，如图 B02-57 所示；将【形状动态】的【角度抖动】-【控制】调整为渐隐，参数为 300，如图 B02-58 所示。

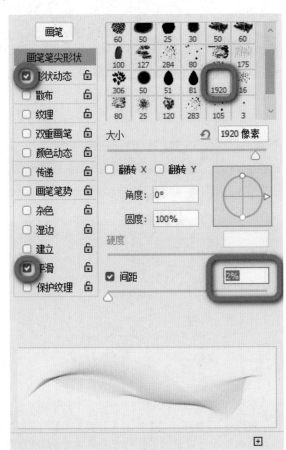

图 B02-57

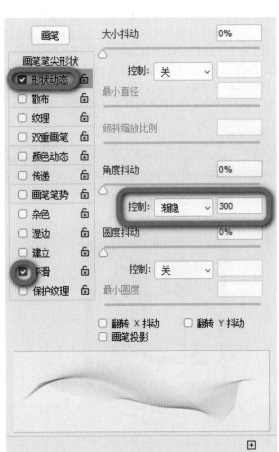

图 B02-58

09 按 Ctrl+Shift+N 快捷键新建一个图层，将其命名为"图层 2"；选择【画笔工具】✎，利用调整好的"曲线 1"笔刷在画布上拖曳，即可绘制出美妙的波动纹路，效果如图 B02-59 所示。

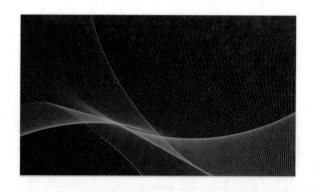

图 B02-59

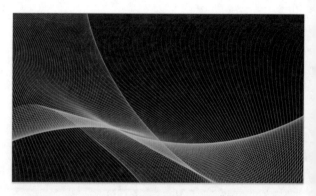

图 B02-61

10 选择【渐变工具】■，在上方选项栏中设置渐变效果为【径向渐变】，填充色为彩虹色，如图 B02-60 所示。

图 B02-60

11 按 Ctrl+Shift+N 快捷键新建图层，将其命名为"图层 3"，在画布上拖曳绘制出渐变，设置渐变图层的【混合模式】为叠加，即可为线条添加酷炫的颜色，如图 B02-61 所示。

12 打开本课配套素材"AS IF IN A DREAM"，按 Ctrl+T 快捷键进行自由变换，调整素材的位置。这样酷炫的 3D 线条就制作完成了，效果如图 B02-62 所示。

图 B02-62

B02.6　实例练习——制作印章效果

本实例完成效果参考如图 B02-63 所示。

图 B02-63

操作步骤

01 新建文档，设定尺寸为 800 像素 ×800 像素，【分辨率】为 72 像素 / 英寸，【背景内容】为白色，如图 B02-64 所示。

图 B02-64

02 选择【矩形工具】□的【形状模式】，调整【填充】为无，调整【描边】的颜色为红色，大小为 20 像素，如图 B02-65 所示；绘制一个尺寸为 350 像素 ×350 像素的正方形，将新图层命名为"1"，如图 B02-66 所示；选择图层"背景"和"1"，在选项栏中单击【水平居中对齐】■ 和【垂直居中对齐】■ 按钮将其居中，效果如图 B02-67 所示。

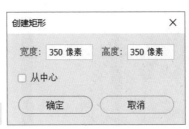

形状 ∨	填充: /	描边: ▉	20 像素 ∨

图 B02-65   图 B02-66   图 B02-67

03 选择【横排文字工具】**T.**，在红色正方形内输入"學無止境"四个字，设置【字体】为【王漢宗魏碑體繁】，【大小】为 162 点，【行距】为 158 点，【字距】为 -120，【颜色】为红色，选中【加粗】按钮，如图 B02-68 所示；将新图层命名为"2"，效果如图 B02-69 所示。

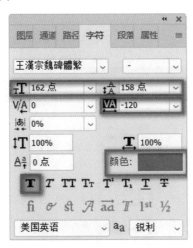

图 B02-68   图 B02-69

04 选择图层"1"和"2"，按 Ctrl+E 快捷键合并图层，将新图层命名为"3"，按 Q 键进入快速蒙版模式，执行【滤镜】-【像素化】-【铜板雕刻】菜单命令，设置【类型】为粗网点，如图 B02-70 所示。单击【确定】按钮，效果如图 B02-71 所示。

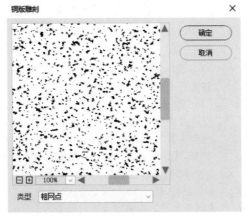

图 B02-70   图 B02-71

05 按 Q 键退出快速蒙版模式，显示选区状态，如图 B02-72 所示；单击图层面板下方的【添加图层蒙版】口按钮，这样印章效果就制作完成了，如图 B02-73 所示。

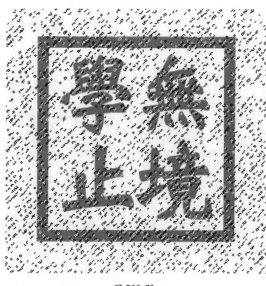

图 B02-72

图 B02-73

B02.7 实例练习——制作金属光泽盘面

本实例完成效果参考如图 B02-74 所示。

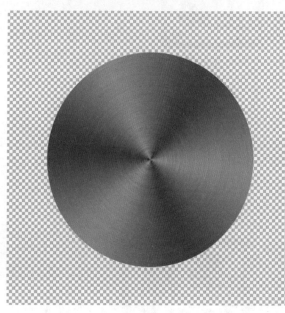

图 B02-74

操作步骤

01 新建文档，设定尺寸为 1500 像素 ×1500 像素，【分辨率】为 72 像素 / 英寸，【背景内容】为透明，如图 B02-75 所示。

图 B02-75

02 选择【椭圆工具】○，按住 Shift 键绘制一个正圆，将图层命名为"圆"，如图 B02-76 所示。

03 双击图层"圆"打开【图层样式】对话框，选中并打开【渐变叠加】选项卡，调整【混合模式】为滤色，【不透明度】为 100%，【样式】为角度，选中【与图层对齐】复选框，【角度】为 116 度，【缩放】为 100%，如图 B02-77 所示；调整【渐变】添加七个色标，浅色的色值为 R：233、G：237、B：255，深色的色值为 R：17、G：15、B：44，【渐变类型】为实底，【平滑度】为 100%，如图 B02-78 所示，效果如图 B02-79 所示。

图 B02-76

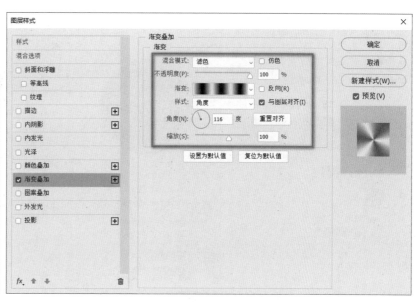

图 B02-77

图 B02-78

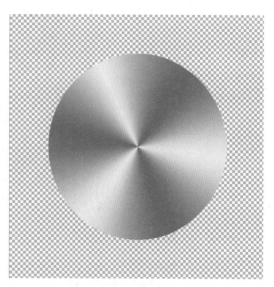

图 B02-79

04 按 Ctrl+J 快捷键复制图层"圆",将其命名为"圆 2",如图 B02-80 所示。

05 选择图层"圆 2",执行【滤镜】-【杂色】-【添加杂色】菜单命令,设置【数量】为 200%,【分布】为平均分布,选中【单色】复选框,如图 B02-81 所示,效果如图 B02-82 所示。

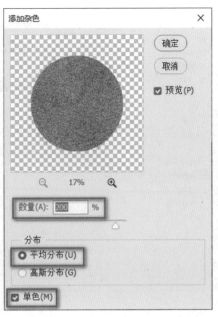

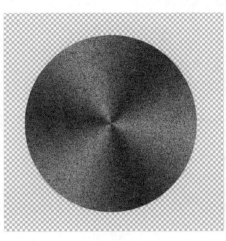

| 图 B02-80 | 图 B02-81 | 图 B02-82 |

06 选择图层"圆 2",执行【滤镜】-【模糊】-【径向模糊】菜单命令,设置【数量】为 55,【模糊方法】为旋转,【品质】为最好,如图 B02-83 所示;设置【混合模式】为正片叠底,【不透明度】为 78%,如图 B02-84 所示。这样金属光泽的盘面就制作完成了,效果如图 B02-85 所示。

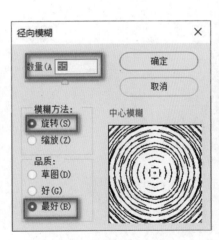

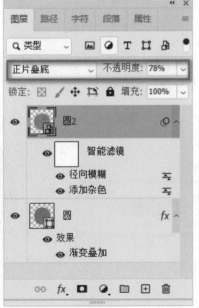

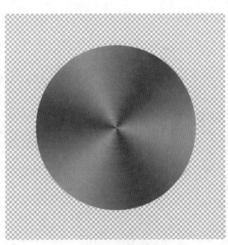

| 图 B02-83 | 图 B02-84 | 图 B02-85 |

B02.8 综合案例——制作红色幕布

本综合案例完成效果参考如图 B02-86 所示。

素材作者：Michelleraponi、OpenClipart-Vectors

图 B02-86

操作步骤

01 新建文档，设定尺寸为 1920 像素 ×1080 像素，【分辨率】为 72 像素 / 英寸，【背景内容】为黑色，如图 B02-87 所示。

图 B02-87

02 按 Ctrl+J 快捷键复制图层"背景"，将新图层命名为"幕布"，选择图层"幕布"，再按 Ctrl+A 快捷键全选，如图 B02-88 所示，效果如图 B02-89 所示。

图 B02-88

图 B02-89

03 执行【滤镜】-【渲染】-【纤维】菜单命令，在【纤维】对话框中设置【差异】为 20，【强度】为 5，如图 B02-90 所示，效果如图 B02-91 所示。

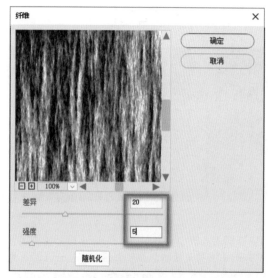

图 B02-90

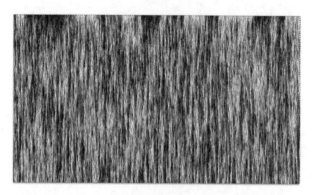

图 B02-91

04 执行【滤镜】-【模糊】-【动感模糊】菜单命令，在【动感模糊】对话框中设置【角度】为 90 度，【距离】为 400，如图 B02-92 所示，效果如图 B02-93 所示。

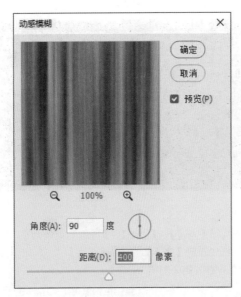

图 B02-92

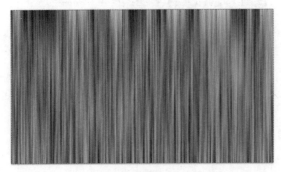

图 B02-93

05 在图层列表中双击图层"幕布",打开【图层样式】对话框,选中并打开【颜色叠加】选项卡,在【颜色叠加】面板中设置【混合模式】为正片叠底,【颜色】为红色(色值为R: 255、G: 0、B: 0),如图B02-94所示,效果如图B02-95所示。

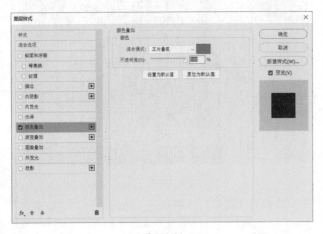

图 B02-94

图 B02-95

06 按 Ctrl+T 快捷键进行自由变换,按住 Shift 键将右侧中间部位的控点向左侧拖曳,将图层"幕布"调整成如图 B02-96 所示的形状。

图 B02-96

07 复制图层"幕布",将原图层命名为"左1",将新图层命名为"右1";在图层列表中选择图层"右1",按Ctrl+T 快捷键进行自由变换,将图形移动到画布右侧,如图 B02-97 所示。

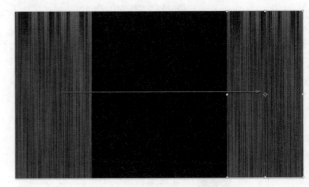

图 B02-97

08 复制图层"左1",将新图层命名为"左2",选择图层"左2",按Ctrl+T 快捷键进行自由变换,将图形向右移动,并在图形上右击选择【变形】选项,如图 B02-98 所示。

09 拖曳控制点,将矩形调整成如图 B02-99 所示的形状。

图 B02-98

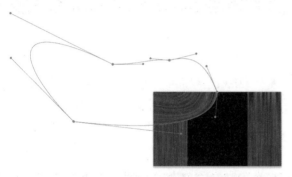

图 B02-99

10 下面为幕布添加投影，使幕布更立体、更逼真。在图层列表中双击图层"左2"，打开【图层样式】对话框，在其中选中并打开【投影】选项卡，设置【混合模式】为正常，【颜色】为黑色，【不透明度】为35%，【角度】为90度，【距离】为20像素，【扩展】为20%，【大小】为70像素，【等高线】为高斯，如图B02-100所示，效果如图B02-101所示。

11 复制图层"左2"，将新图层命名为"右2"；选择图层"右2"，按Ctrl+T快捷键进行自由变换，右击选择【水平翻转】选项并将图形向右移动，如图B02-102所示，效果如图B02-103所示。

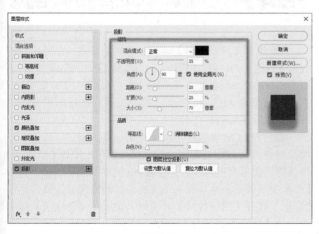

图 B02-100

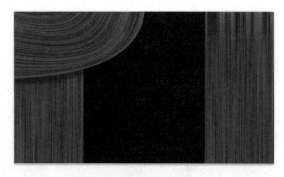

图 B02-101

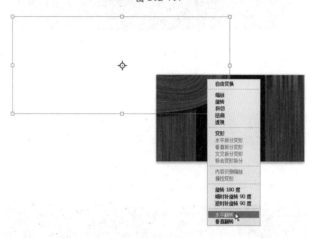

图 B02-102

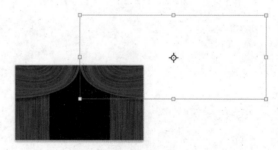

图 B02-103

12 复制图层"左2"，将新图层命名为"左3"并在图层列表中将图层"左3"置顶，按Ctrl+T快捷键进行自由变换，将图形向左移动，如图B02-104所示。

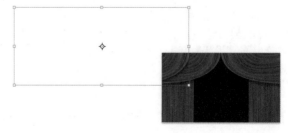

图 B02-104

13 复制图层"左3"，将新图层命名为"右3"，按

Ctrl+T 快捷键进行自由变换，右击选择【水平翻转】选项并将图形向右移动，如图 B02-105 所示。

图 B02-105

14 打开本课配套素材"小丑"和"照明灯"，调整图层顺序并按 Ctrl+T 快捷键进行自由变换，调整素材至合适位置。这样红色幕布就制作完成了，效果如图 B02-106 所示。

图 B02-106

B02.9 综合案例——设计商品重点提示

本综合案例完成效果参考如图 B02-107 所示。

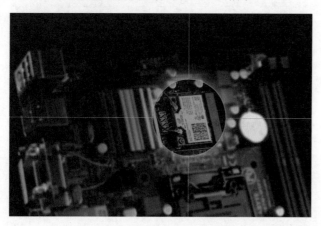

素材作者：FuzzyMannerz

图 B02-107

操作步骤

01 打开本课的配套素材"电脑主板"，按 Ctrl+Shift+N 快捷键新建一个图层，将其命名为"提示区"。选择【钢笔工具】 的【形状】模式，在选项栏中设置【填充】为无，【描边】选择纯色（色值为 R：11、G：247、B：128），【像素】为 2 像素，如图 B02-108 所示。

图 B02-108

02 按住 Shift 键绘制两条垂直交叉的绿线，将新图层命名为"竖线"和"横线"，效果如图 B02-109 所示。

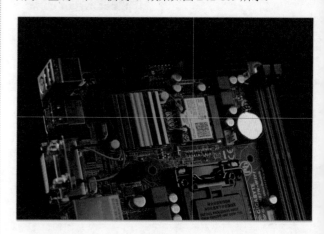

图 B02-109

03 选择【椭圆工具】 的【形状】模式，在选项栏中设置【填充】为白色，【描边】为与步骤 01 相同的荧光绿色。在两条线的交点处按住左键不放，效果如图 B02-110 所示。

然后按住 Alt 键和 Shift 键绘制正圆，将新图层命名为"圆形"，效果如图 B02-111 所示。

04 按住 Ctrl 键选择图层"竖线"和"横线"，按 Ctrl+G 快捷键将这两个图层编组。在图层"圆形"中按 Ctrl+Enter 快捷键将圆形变换为选区，按住 Alt 键单击图层面板下方的【添加图层蒙版】 按钮为"直线组"创建蒙版。双击图层"圆形"打开【图层样式】对话框，设置【混合选项】选项卡中的【填充不透明度】为 0%，如图 B02-112 所示，效果如图 B02-113 所示。

图 B02-110

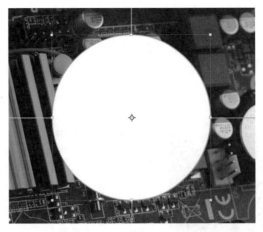

图 B02-111

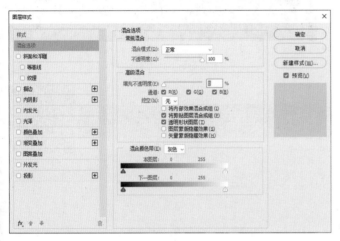

图 B02-112

图 B02-113

05 选中并打开【外发光】选项卡，设置【混合模式】为【正常】，【不透明度】为 50%，【颜色】为与步骤 01 相同的荧光绿，设置图素的【大小】为 147 像素，如图 B02-114 所示。

06 接下来对其余部分进行模糊处理。复制图层"背景"，将其命名为"模糊"，按住 Ctrl 键单击图层"圆形"的缩览图生成选区，再按 Ctrl+Shift+I 快捷键反选选区，效果如图 B02-115 所示。

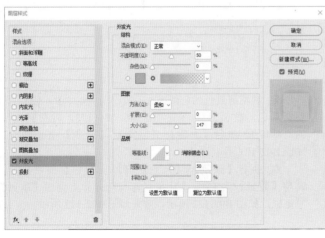

图 B02-114

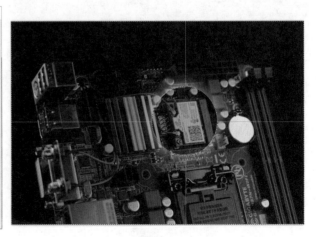

图 B02-115

07 选择图层"模糊",执行【滤镜】-【模糊】-【高斯模糊】菜单命令,设置【半径】为 4.5 像素,如图 B02-116 所示;在图层列表中将图层"模糊"移动到"背景"的上方,如图 B02-117 所示。

08 这样商品重点提示效果就制作完成了,如图 B02-118 所示。

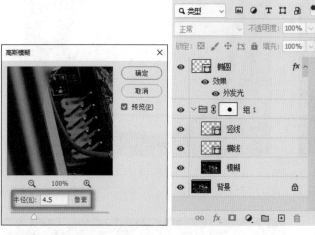

图 B02-116

图 B02-117

图 B02-118

B02.10　综合案例——制作足球场效果

本综合案例完成效果参考如图 B02-119 所示。

图 B02-119

操作步骤

01 新建文档,设定尺寸为 1200 像素 ×900 像素,【分辨率】为 72 像素 / 英寸,【背景内容】为白色,如图 B02-120 所示。

图 B02-120

02 调整前景色的色值为 R:37、G:202、B:105,调整背景色的色值为 R:96、G:246、B:177,将图层命名为"草地",执行【滤镜】-【渲染】-【云彩】菜单命令,如图 B02-121 所示。

03 执行【滤镜】-【杂色】-【添加杂色】菜单命令,调整【数量】为 15%,【分布】为高斯分布,选中【单色】复选框,如图 B02-122 所示,效果如图 B02-123 所示。

图 B02-121

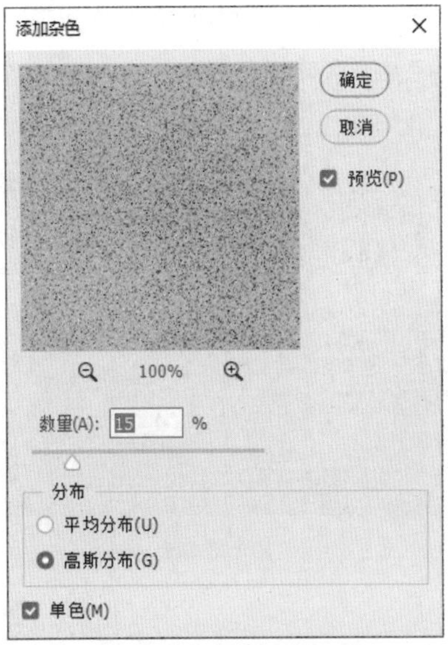

图 B02-122

图 B02-123

04 在图层列表双击图层“草地”打开【图层样式】对话框，选中并打开【纹理】选项卡，调整【图案】为水滴，【缩放】为 29%，【深度】为 +1000%，如图 B02-124 所示，效果如图 B02-125 所示。

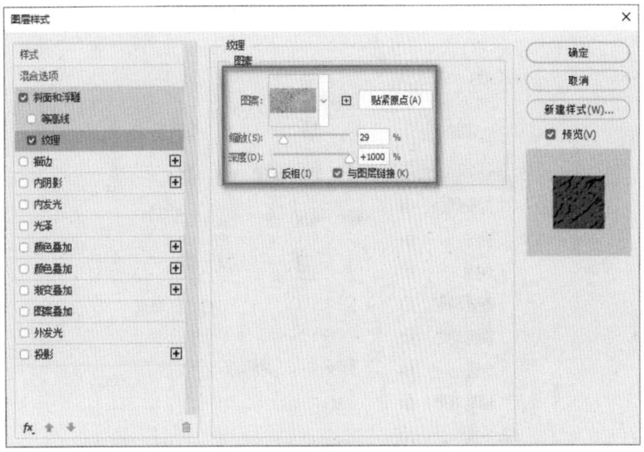

图 B02-124

图 B02-125

05 执行【视图】-【显示】-【网格】菜单命令，选择【钢笔工具】的【路径】模式和【椭圆工具】的【路径】模式，按照网格绘制出足球场的路径，如图 B02-126 所示。

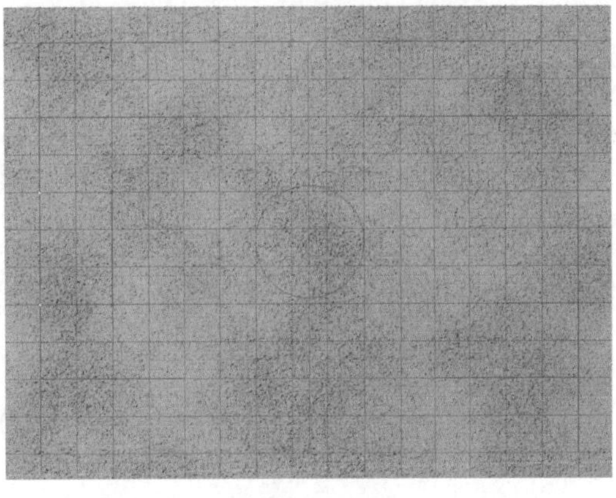

图 B02-126

06 选择【画笔工具】，调整【形状】为圆形素描圆珠笔，【大小】为 15 像素，【间距】为 40%，如图 B02-127 所示。选择【路径选择工具】，框选所有路径后右击选择【描边路径】选项，调整【工具】为画笔，此时效果如图 B02-128 所示。

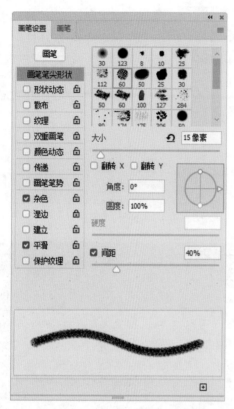

图 B02-127

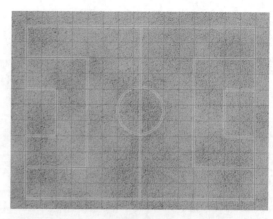

图 B02-128

07 按 Ctrl+H 快捷键隐去网格和路径，打开本课配套素材"痛快自在 热血澎湃"，将其拖曳至画面中的合适位置，足球场效果就制作完成了，如图 B02-129 所示。

图 B02-129

B02.11 综合案例——绘制镜头叶片

本综合案例完成效果参考如图 B02-130 所示。

图 B02-130

操作步骤

[01] 新建文档，设定尺寸为 900 像素 ×900 像素，【分辨率】为 72 像素 / 英寸，【背景内容】为白色，如图 B02-131 所示。

[02] 选择【椭圆工具】◎ 的【形状】模式，调整【颜色】为灰色（色值为 R：198、G：198、B：198），【描边】为灰色（色值为 R：138、G：138、B：138），【大小】为 8 像素；单击背景图层，创建一个尺寸为 350 像素 ×350 像素的正圆，如图 B02-132 所示，将图层命名为"椭圆 1"，效果如图 B02-133 所示。

图 B02-131　　　　　　　　　图 B02-132　　　　　　　　　图 B02-133

[03] 选择【路径选择工具】▶，按住 Alt 键拖曳步骤 [02] 绘制的圆，复制出一个圆，调整其位置使两个圆心的距离等于半径，如图 B02-134 所示。

[04] 单击上方选项栏中的【路径操作】▣ 按钮，选择【减去顶层形状】选项，如图 B02-135 所示。在图层列表右击图层"椭圆 1"，选择【栅格化图层】选项，效果如图 B02-136 所示。

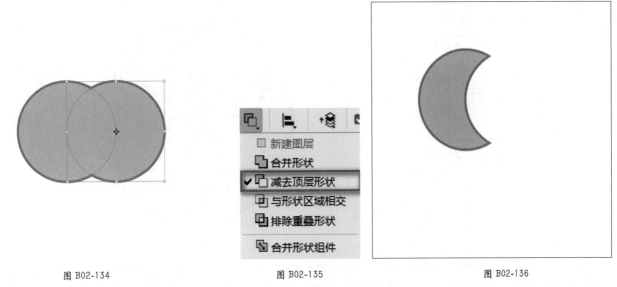

图 B02-134　　　　　　　　　图 B02-135　　　　　　　　　图 B02-136

[05] 选择图层"椭圆 1"按 Ctrl+T 快捷键进行自由变换，在上方选项栏中选中【切换参考点】▦ 复选框，将参考点拖曳至如图 B02-137 所示的位置，将图层"椭圆 1"顺时针旋转 60 度，按 Enter 键提交操作，如图 B02-138 所示。

06 完成步骤 05 的操作后，按 Ctrl+Shift+Alt+T 快捷键再次变换并复制，执行 5 次操作，将复制出的 5 个图层分别命名为"椭圆 2"～"椭圆 6"，效果如图 B02-139 所示。

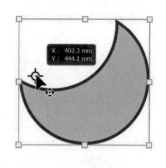

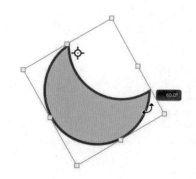

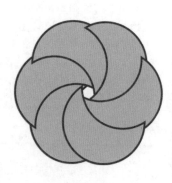

图 B02-137   图 B02-138   图 B02-139

07 在图层列表中按 Ctrl+J 快捷键复制图层"椭圆 1"，将新图层命名为"椭圆 遮挡"并将其移动至图层列表的最上方。按住 Ctrl 键单击图层"椭圆 2"的缩览图生成选区，选择图层"椭圆 遮挡"，按住 Alt 键单击【添加图层蒙版】■ 按钮，如图 B02-140 所示，效果如图 B02-141 所示。

图 B02-140

图 B02-141

08 在图层列表中选中图层"椭圆 1"～"椭圆 6"和"椭圆 遮挡"，右击选择【转换为智能对象】选项，将新图层命名为"椭圆群"；新建图层并将其命名为"白色椭圆"，将图层"白色椭圆"移动至"椭圆群"下方，如图 B02-142 所示。选择图层"白色椭圆"，选择【椭圆工具】◎的【形状】模式，调整【颜色】为白色，【描边】为灰色（色值为 R：138、G：138、B：138），【大小】为 8 像素，单击图层"背景"，创建一个尺寸为 452 像素 ×452 像素的正圆。选择图层"白色椭圆"和"椭圆群"，单击上方选项栏中的【水平居中对齐】▲ 和【垂直居中对齐】▲ 按钮。右击图层"椭圆群"，选择【创建剪贴蒙版】选项，镜头叶片就制作完成了，效果如图 B02-143 所示。

图 B02-142

图 B02-143

B02.12 综合案例——制作带图片的胶卷

本综合案例完成效果参考如图 B02-144 所示。

素材作者：jplenio、pasja1000、Valiphotos、Couleur

图 B02-144

操作步骤

01 新建文档，设定尺寸为1920 像素×900 像素，【分辨率】为 72 像素 / 英寸，【背景内容】为白色，如图 B02-145 所示。

图 B02-145

02 选择【矩形工具】 □ 的【形状】模式，在选项栏中设置【填充】为黑色，【描边】为无，单击画布，在弹出的【创建矩形】对话框中设置【宽度】为 1660 像素，【高度】为 350 像素，如图 B02-146 所示，将新图层命名为"黑色矩形"，如图 B02-147 所示。

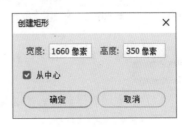

图 B02-146

图 B02-147

03 按 Ctrl+Shift+N 快捷键新建一个图层，将新图层命名为"白色虚线 1"，选择【钢笔工具】  的【形状】模式，在选项栏中设置【填充】为无，【描边】的颜色为白色，大小为 20 像素，如图 B02-148 所示；打开【描边选项】浮动面板，选择第二种描边形状，单击下方的【更多选项】按钮打开【描边】对话框，如图 B02-149 所示，设置【虚线】为 1，【间隙】为 1，如图 B02-150 所示。

图 B02-148

图 B02-149

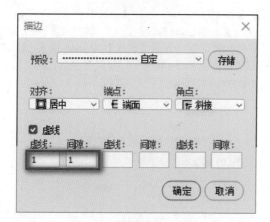

图 B02-150

04 单击黑色矩形的左上角，按住 Shift 键再单击黑色矩形的右上角，绘制虚线，效果如图 B02-151 所示。

图 B02-151

05 选择【移动工具】 ✛，按住 Alt 键拖曳刚刚绘制的虚线至矩形下方，复制出一条虚线，如图 B02-152 所示，将新图层命名为"白色虚线 2"。

图 B02-152

06 在图层列表中选择图层"白色虚线 1""白色虚线 2"和"黑色矩形"，选择【移动工具】 ✛，在选项栏中单击【水平居中对齐】 ✚ 按钮，使两条虚线居中，如图 B02-153 所示。

图 B02-153

07 选择【图框工具】 图 的【矩形】模式，在画布中绘制四个画框，每个画框的【宽度】为 330 像素，【高度】为 200 像素，如图 B02-154 所示。

图 B02-154

08 在图层列表中选择图层"图框 1"，在【属性】面板中将【插入图像】调整为【从本地磁盘置入 - 嵌入式】，如图 B02-155 所示；在弹出的【置入嵌入的对象】窗口中选择本课配套素材"春"，效果如图 B02-156 所示。

图 B02-155

图 B02-156

09 使用相同的方法分别将本课配套素材"夏""秋""冬"嵌入"图框 2""图框 3""图框 4"。这样带图片的胶卷效果就制作完成了，如图 B02-157 所示。

图 B02-157

B02.13　综合案例——制作炙热的星球

本综合案例完成效果参考如图 B02-158 所示。

素材作者：StockSnap、WikiImages

图 B02-158

操作步骤

01 新建文档，设定尺寸为 800 像素 ×800 像素，【分辨率】为 72 像素 / 英寸，【背景内容】为白色，如图 B02-159 所示。

图 B02-159

02 执行【滤镜】-【渲染】-【分层云彩】菜单命令，重复三四次使云彩图案更加复杂。选择【椭圆选框工具】按住 Shift 键绘制一个正圆，如图 B02-160 所示。

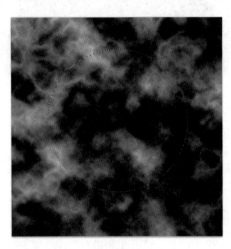

图 B02-160

03 按 Ctrl+J 快捷键将选区的内容复制出来，将新图层命名为"星球"，如图 B02-161 所示。

图 B02-161

04 选择图层"背景"，设置前景色为黑色，按 Alt+Delete 快捷键填充，如图 B02-162 所示。

图 B02-162

05 在图层列表中按住 Ctrl 键单击图层"星球"的缩览图生成选区，如图 B02-163 所示。执行【滤镜】-【扭曲】-【球面化】菜单命令，在【球面化】对话框中将【数量】调整为 85%，单击【确认】按钮，效果如图 B02-164 所示。如果感觉球面效果不理想，可再次执行【球面化】菜单命令。

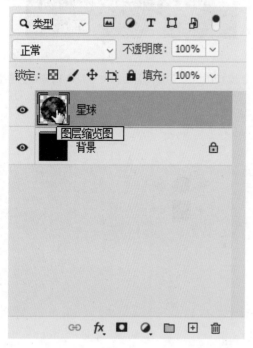

图 B02-163

图 B02-164

06 在图层列表下方单击【添加调整图层】【渐变映射】选项，单击面板中的渐变条，打开【渐变编辑器】对话框，在对话框中单击渐变条下方边缘即可添加色标，双击色标可修改其颜色。渐变条最左侧色标的色值为 R：34、G：19、B：2；在渐变条 15% 的位置新建一个色标，色值为 R：67、G：32、B：8；在渐变条 37% 的位置新建一个色标，色值为 R：204、G：29、B：0；在渐变条 61% 的位置新建一个色标，色值为 R：255、G：222、B：0；在渐变条 72% 的位置新建一个色标，色值为 R：255、G：255、B：255；设置所有色标的【颜色中点】均为 50%，将图层命名为"熔岩"，如图 B02-165 所示。

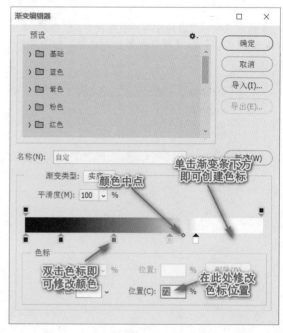

图 B02-165

07 选择调整图层"熔岩"，执行【图层】-【创建剪贴蒙版】菜单命令，如图 B02-166 所示。

08 复制图层"星球"，将新图层命名为"星球 2"，并在图层列表中将图层"星球 2"移动到"星球"和"背景"中间，如图 B02-167 所示。

图 B02-166

图 B02-167

09 在图层列表中双击图层"星球"，打开【图层样式】对话框，在其中选中并打开【外发光】选项卡，设置【混合模式】为滤色，【不透明度】为 86%,【杂色】为 0%,【颜色】为橙色（色值为 R：255、G：156、B：0),【渐变条】为颜色到透明,【方法】为柔和,【扩展】为 0%,【大小】为 144 像素,【等高线】为线性,【范围】为 50%,【抖动】为 0%，如图 B02-168 所示，效果如图 B02-169 所示。

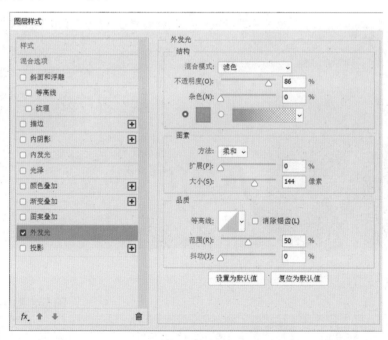

图 B02-168

图 B02-169

10 在图层列表中双击图层"星球 2"，打开【图层样式】对话框，在其中选中并打开【外发光】选项卡，设置【颜色】为白色，【大小】为 32 像素，其他参数和图层"星球"一致，如图 B02-170 所示，效果如图 B02-171 所示。

11 在图层列表中选择除图层"背景"外的所有图层,按 Ctrl+E 快捷键合并图层,将新图层命名为"星球"。打开本课配套素材"宇宙",将图层"星球"拖曳到"宇宙"中,按 Ctrl+T 快捷键进行自由变换,调整出合适的位置和大小。这样炙热的星球就制作完成了,效果如图 B02-172 所示。

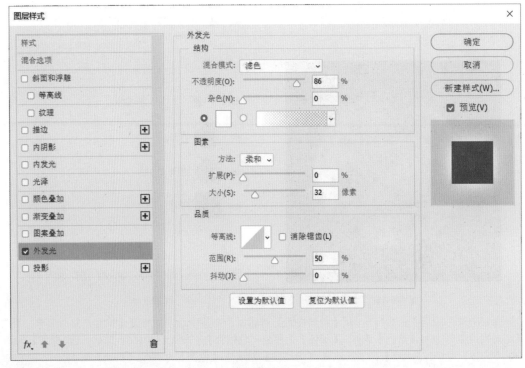

图 B02-170

图 B02-171

图 B02-172

B02.14　综合案例——制作风车

本综合案例完成效果参考如图 B02-173 所示。

图 B02-173

图 B02-175

操作步骤

01 新建文档，设定尺寸为 900 像素 ×900 像素，【分辨率】为 72 像素 / 英寸，【背景内容】为透明，如图 B02-174 所示。

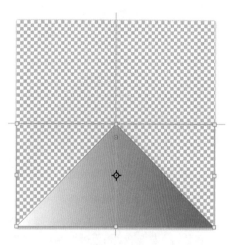

图 B02-176

04 将得到的等腰直角三角形图层命名为"下"，再按 Ctrl+J 快捷键复制该图层，并将其命名为"上"，如图 B02-177 所示。

图 B02-174

02 按 Ctrl+R 快捷键显示标尺，并从左侧和上方的标尺中拖曳出两条辅助线，将辅助线与画布的中心点对齐，如图 B02-175 所示。

03 选择【三角形工具】△ 的【形状】模式，在选项栏中将【填充】设置为渐变，渐变颜色为墨绿色 - 白色，墨绿色的色值为 R：89、G：145、B：0，【角度】为 180 度。在画布上绘制一个等腰三角形，并将三角形顶点与辅助线交点对齐，将三角形下方的两个点分别与画布下方的两个角对齐，如图 B02-176 所示。

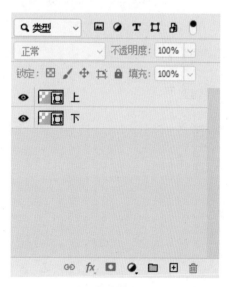

图 B02-177

05 选择图层"上",按 Ctrl+T 快捷键进行自由变换,在选项栏中选中【切换参考点】复选框,将【角度】调整为 180 度,如图 B02-178 所示,效果如图 B02-179 所示。

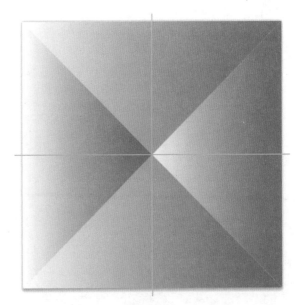

图 B02-178

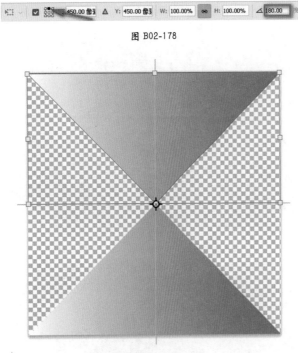

图 B02-179

06 使用相同的方法制作左、右两个等腰直角三角形,分别将它们命名为"左"和"右"并分别旋转 270 度和 90 度,如图 B02-180 所示,效果如图 B02-181 所示。

图 B02-181

07 在图层列表中双击图层的缩览图即可调整渐变颜色,将图层"上"的三角形渐变颜色调整为 R:0、G:169、B:171 至 R:173、G:255、B:246,【样式】为线性,【角度】为 0 度;将图层"下"的三角形渐变颜色调整为 R:89、G:145、B:0 至 R:167、G:255、B:147,【样式】为线性,【角度】为 0 度;将图层"左"的三角形渐变颜色调整为 R:232、G:136、B:0 至 R:255、G:224、B:99,【样式】为线性,【角度】为 90 度;将图层"右"的三角形渐变颜色调整为 R:192、G:41、B:255 至 R:246、G:183、B:255,【样式】为线性,【角度】为 90 度,如图 B02-182 所示。

图 B02-180

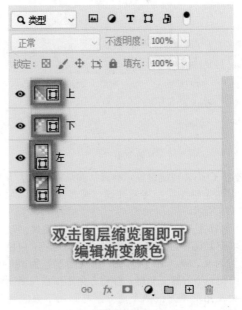

图 B02-182

08 在图层列表中，逐个右击四个图层，选择【转换为智能对象】选项，将"上""下""左""右"四个图层都转换为智能对象，如图 B02-183 所示。

09 选择图层"上"，按 Ctrl+T 快捷键进行自由变换，在三角形中右击选择【变形】选项，如图 B02-184 所示；再将左上角的控点拖曳到矩形中心，如图 B02-185 所示。

10 使用相同的方法对"下""左""右"三个图层的三角形进行变换，风车的基本形状就制作出来了，如图 B02-186 所示。

图 B02-183

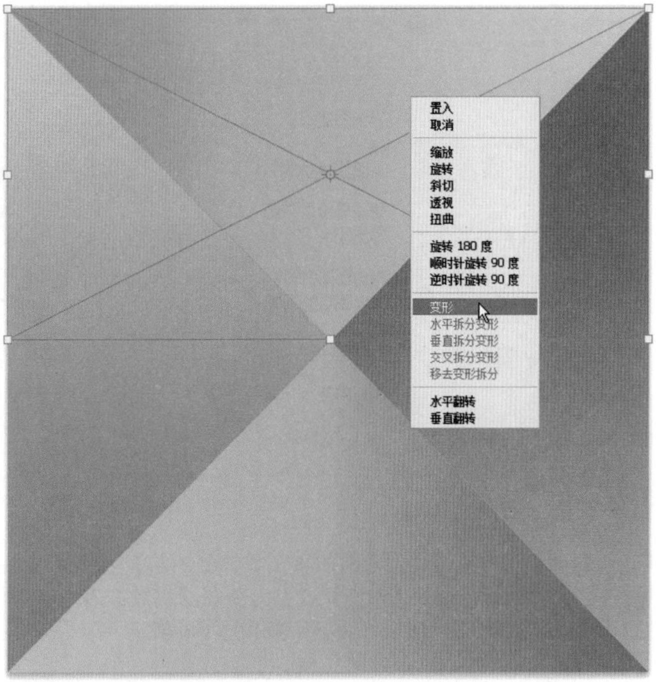

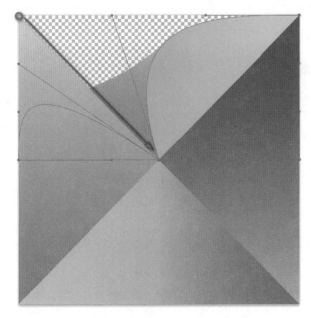

图 B02-185

图 B02-184

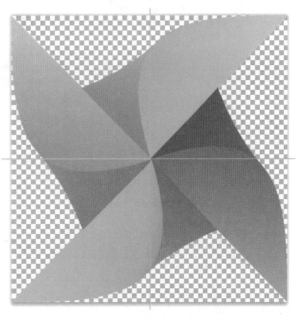

图 B02-186

11 在图层列表中选择"上""下""左""右"四个图层，右击选择【转换为智能对象】选项，将其命名为"风车叶"，如图 B02-187 所示。

　　📶 选择【椭圆选框工具】○在辅助线交点绘制一个正圆，如图 B02-188 所示。

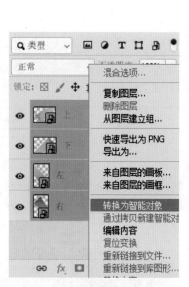

图 B02-187

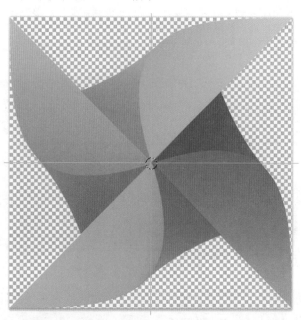

图 B02-188

　　📸 在图层列表下方单击【创建新的填充或调整图层】○按钮，选择【渐变】选项，打开【渐变填充】面板，设置渐变色为"彩虹色 _15"预设，调整【渐变样式】为径向，【缩放】为 100%，在图层列表中将新图层命名为"中心"并移动到"风车叶"的上方，如图 B02-189 所示，效果如图 B02-190 所示。

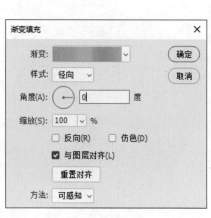

图 B02-189

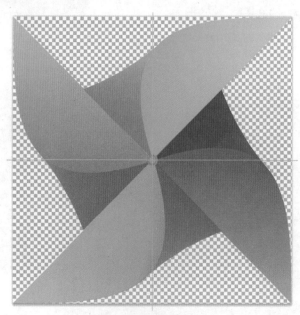

图 B02-190

　　📺 在图层列表中选择"风车叶"和"中心"两个图层，按 Ctrl+T 快捷键进行自由变换，调整控点将其等比缩小，如图 B02-191 所示。

　　📻 在图层"风车叶"的下方新建一个图层，将其命名为"风车柄"，选择【矩形选框工具】▢，在风车下方绘制一个细长的矩形，如图 B02-192 所示。

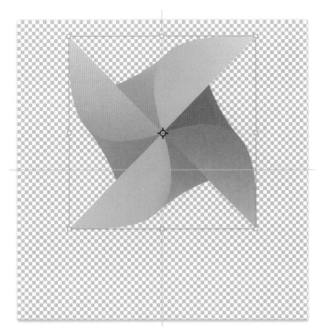

图 B02-191

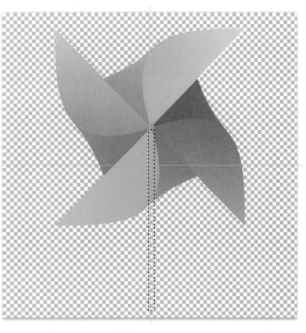

图 B02-192

16 按 Alt+Delete 快捷键为选区填充任意颜色，在图层列表中双击"风车柄"打开【图层样式】对话框，在其中选中并打开【渐变叠加】选项卡，设置渐变颜色为"灰色 - 白色 - 灰色"（灰色的色值为 R：138、G：138、B：138），选中【反向】复选框，【样式】为对称的，【角度】为 0 度，如图 B02-193 所示，效果如图 B02-194 所示。

17 新建一个图层，将其命名为"背景"，在图层列表中将该图层移动到所有图层下方；将前景色调整为白色，按 Alt+Delete 快捷键填充；按 Ctrl+H 快捷键隐藏标尺和辅助线。这样漂亮的风车就制作完成了，效果如图 B02-195 所示。

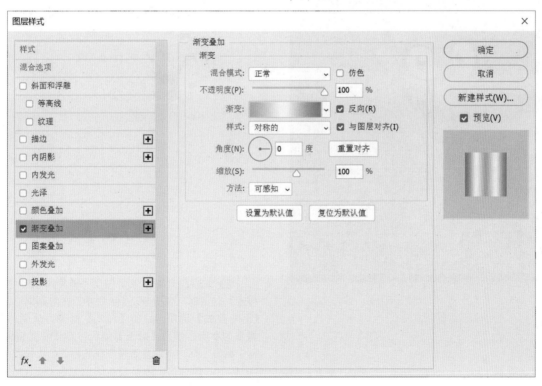

图 B02-193

B 案例篇

图 B02-194

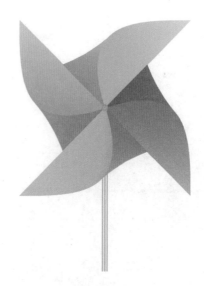

图 B02-195

B02.15 综合案例——手拿棒棒糖效果

本综合案例完成效果参考如图 B02-196 所示。

素材作者：GraphicMama-team

图 B02-196

操作步骤

01 新建文档，设定尺寸为 900 像素 ×900 像素，【分辨率】为 72 像素 / 英寸，【背景内容】为浅蓝色（色值为

R：141、G：215、B：249）。按 Ctrl+Shift+N 快捷键新建一个图层，将其命名为"糖果渐变"，如图 B02-197 所示。

图 B02-197

02 在图层列表中双击图层"糖果渐变"，打开【图层样式】对话框，如图 B02-198 所示；在对话框中选中并打开【渐变叠加】选项卡，将【样式】调整为角度，将【角度】调整为 0 度；修改【渐变】颜色，在【渐变编辑器】对话框中编辑色标，将渐变条最左侧色标的色值修改为 R：255、G：0、B：0；在渐变条 31% 的位置新建一个色标，色值为 R：255、G：156、B：0；在渐变条 70% 的位置新建一

个色标，色值为 R：255、G：242、B：196；最右侧色标色值为 R：128、G：227、B：0；设置所有色标的【颜色中点】均为 50%，如图 B02-199 所示。提交修改后按 Ctrl+Delete 快捷键填充任意背景色，此时画面效果如图 B02-200 所示。

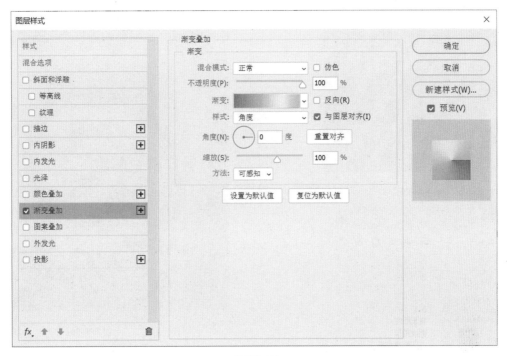

图 B02-198

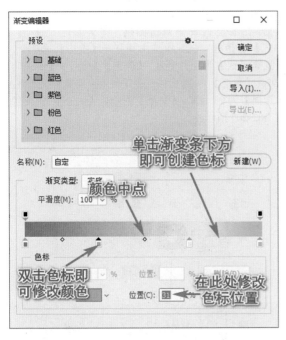

图 B02-199

图 B02-200

03 新建图层，将其命名为"斜线"，隐藏其他图层，在该图层中绘制如图 B02-201 所示的斜线。制作方法可参考 A06.4 课：绘制平行条纹，然后旋转为斜线，斜线的色值为 R：253、G：105、B：255，将图层的【混合模式】设置为划分。

04 显示所有图层，在图层列表选中图层"斜线"和"糖果渐变"，右击选择【转换为智能对象】选项，将新图层命名为"糖果颜色"，如图 B02-202 所示。

图 B02-201

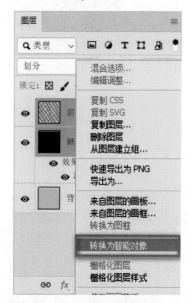

图 B02-202

05 执行【滤镜】-【扭曲】-【旋转扭曲】菜单命令，将【角度】调整为最大，如图 B02-203 所示。

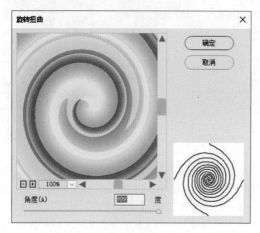

图 B02-203

06 选择【椭圆选框工具】○，按住 Shift 键在图像中心点绘制正圆，如图 B02-204 所示。

图 B02-204

07 在图层列表下方单击【添加图层蒙版】▢ 按钮为图层"糖果颜色"添加蒙版，如图 B02-205 所示，效果如图 B02-206 所示。

08 在图层列表中双击图层"糖果颜色"，打开【图层样式】对话框，在其中选中并打开【投影】选项卡，设置【混合模式】为正片叠底，【颜色】为黑色，【不透明度】为 19%，【角度】为 90 度，选中【使用全局光】复选框，设置【距离】为 21 像素，【扩展】为 0%，【大小】为 21 像素，如图 B02-207 所示。

图 B02-205

图 B02-206

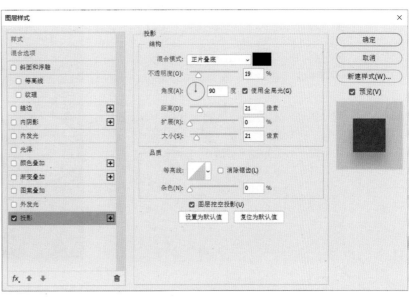

图 B02-207

B

案例篇

09 按 Ctrl+Shift+N 快捷键新建图层，将其命名为"棍"并移动到图层"糖果颜色"的下方。选择【矩形工具】 在画布中绘制一个细长的矩形，如图 B02-208 所示。

10 在图层列表中双击图层"棍"，打开【图层样式】对话框，在其中选中并打开【渐变叠加】选项卡，设置【混合模式】为正常，【不透明度】为 100%，【渐变】的颜色为"灰色_01"预设，【样式】为线性，【角度】为 0 度，如图 B02-209 所示。单击【确定】按钮提交修改，棒棒糖就制作完成了，如图 B02-210 所示。

11 打开本课配套素材"小神龙"，将其在图层列表中置顶，选择图层"糖果颜色"和"棍"，右击选择【转换为智能对象】选项，将新图层命名为"棒棒糖"，按 Ctrl+T 快捷键进行自由变换，调整其位置、角度和大小。新建一个图层，填充背景色为红色（色值为 R：212、G：44、B：44），将其在图层列表中置底。这样手拿棒棒糖效果就制作完成了，如图 B02-211 所示。

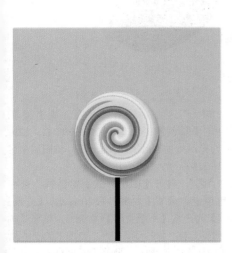

图 B02-208

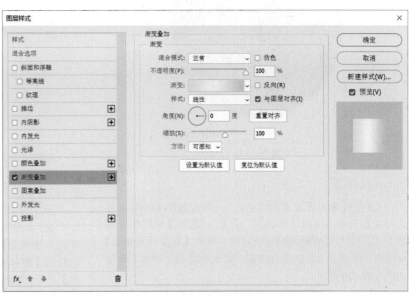

图 B02-209

161

图 B02-210

图 B02-211

B02.16　综合案例——制作老人纪念币

本综合案例完成效果参考如图 B02-212 所示。

素材作者：Pexels

图 B02-212

操作步骤

01 打开本课配套素材"老人"，右击选择【转换为智能对象】选项，将图层命名为"老人"。选择【椭圆选框工具】◯，按住 Shift 键绘制正圆选区，单击【添加图层蒙版】■ 按钮，将圆形以外的部分隐藏，如图 B02-213 所示，效果如图 B02-214 所示。

图 B02-213

图 B02-214

02 在图层"老人"下方，选择【椭圆工具】◯的【形状】模式，设定【颜色】的色值为 R：129、G：129、B：129，【描边】为无，按住 Shift 键绘制正圆，将图层命名为"圆"，如图 B02-215 所示。

03 双击图层"圆"，打开【图层样式】对话框，选中并打开【描边】选项卡，调整【大小】为 10 像素，【位置】为外部，【混合模式】为正常，【不透明度】为 98%，填充【颜色】的色值为 R：189、G：189、B：189，如图 B02-216 所示；选中并打开【内阴影】选项卡，调整【混合模式】为正片叠底，【不透明度】为 38%，【角度】为 90 度，【距离】为 1 像素，【阻塞】为 5%，【大小】为 7 像素，如图 B02-217 所示，效果如图 B02-218 所示。

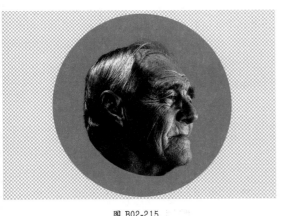

图 B02-215

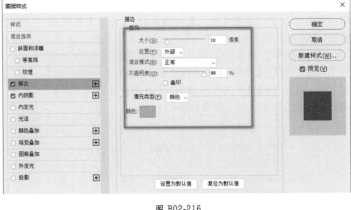

图 B02-216

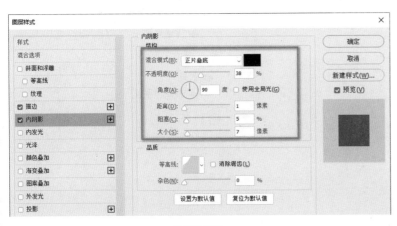

图 B02-217

图 B02-218

04 选择图层"老人",执行【滤镜】-【风格化】-【浮雕效果】菜单命令,调整【角度】为-80度,【高度】为5像素,【数量】为68%,如图 B02-219 所示,效果如图 B02-220 所示。

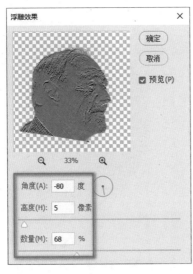

图 B02-219

图 B02-220

05 选择【横排文字工具】 T.,将光标依附在"圆"的路径上,单击后输入文字"IN MEMORY",将图层命名为"英文",调整【大小】为16点,【设置所选字符的字距调整】为580,【设置基线偏移】为-19点,如图 B02-221 所示。双击图层"英文",打开【图层样式】对话框,选中并打开【斜面和浮雕】选项卡,调整【样式】为内斜面,【方法】为雕刻清晰,【深度】为396%,【方向】为上,【大小】为2像素,【软化】为1像素;【角度】为114度,【高度】为53度,选中【消除锯齿】复选框,【高光模式】为滤色,【不透明度】为100%,【阴影模式】为正片叠底,【不透明度】为100%,如图B02-222所示,效果如图B02-223所示。

图 B02-221

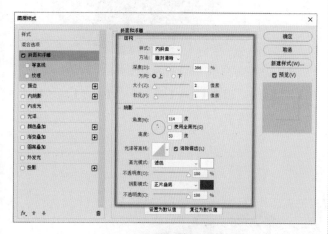

图 B02-222

图 B02-223

06 单击图层列表下方的【创建新的填充或调整图层】按钮,选择【黑白】选项,将图层命名为"黑白"并在图层列表中置顶,如图B02-224所示,效果如图B02-225所示。

图 B02-224

图 B02-225

07 选择所有的图层,右击选择【转换为智能对象】选项,将新图层命名为"纪念币"。在图层列表中双击图层"纪念币",打开【图层样式】对话框,选中并打开【渐变叠加】选项卡,调整【混合模式】为叠加,【不透明度】100%,

【渐变】的三个色值分别为 R：153、G：153、B：153，R：76、G：76、B：76，R：234、G：234、B：234,【样式】为线性，选中【与图层对齐】复选框，设置【角度】为 116 度，【缩放】为 100%，如图 B02-226 所示。这样老人纪念币就制作完成了，效果如图 B02-227 所示。

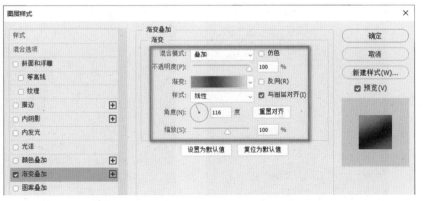

图 B02-226

图 B02-227

B02.17　综合案例——"快到碗里来"下坠效果

本综合案例完成效果参考如图 B02-228 所示。

素材作者：LordLucas

图 B02-228

操作步骤

01 打开本课配套素材"食物和碗"，将图层命名为

"食物"。在图层列表中选择图层"食物"，执行【选择】-【主体】菜单命令，将麦片部分大致抠出；选择【快速选择工具】 ，细致地抠出麦片部分的选区，按 Ctrl+J 快捷键复制一层，将新图层命名为"麦片"，如图 B02-229 所示。

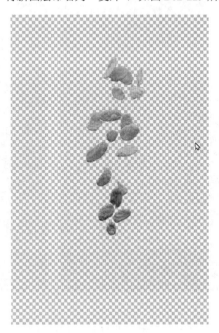

图 B02-229

02 关闭图层"麦片"的可见性，在图层列表中选择图

层"食物"，选择【套索工具】 ，框选出麦片位置，执行【编辑】-【内容识别填充】菜单命令，生成预览如图 B02-230 所示；提交操作抹去原图上的麦片，效果如图 B02-231 所示。

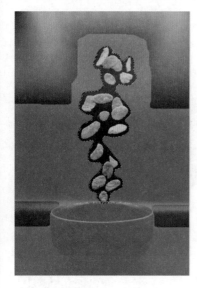

图 B02-230   图 B02-231

03 选择【矩形选框工具】 ，在画布右侧框出一个选区，按 Ctrl+J 快捷键复制一层，将新图层命名为"矩形选区"，如图 B02-232 所示。

04 选择图层"矩形选区"，按 Ctrl+T 快捷键进行自由变换，按住 Shift 键将选区放大，使其覆盖背景的上半部分，如图 B02-233 所示。

05 在图层列表中选择图层"矩形选区"，执行【滤镜】-【模糊】-【高斯模糊】菜单命令，调整【半径】为 40 像素，使背景更加柔和、自然，按 Ctrl+D 快捷键取消选区，如图 B02-234 所示。

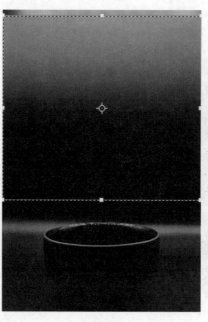

图 B02-232   图 B02-233   图 B02-234

06 选择图层"麦片"，连按 Ctrl+J 快捷键复制两层，将新图层分别命名为"麦片 1"和"麦片 2"。将"麦片"顺时针旋转 90 度，填充背景色为黑色，如图 B02-235 所示。

07 执行【滤镜】-【风格化】-【风】菜单命令，调整【方向】为从左，单击【确定】按钮并提交操作；重复一次该操作，按 Ctrl+T 快捷键进行自由变换，逆时针旋转 90 度，调整【混合模式】为滤色，【不透明度】为 18%，效果如图 B02-236 所示。

[08] 在图层列表中选择图层"麦片 1"，执行【滤镜】-【模糊】-【动感模糊】菜单命令，调整【角度】为 90 度，【距离】为 54 像素，效果如图 B02-237 所示。

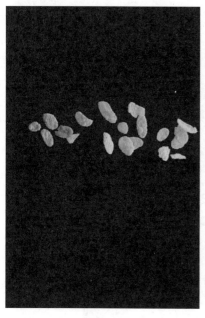

图 B02-235

图 B02-236

图 B02-237

[09] 在图层列表中选择图层"麦片 2"，调整【不透明度】为 72%，将图层"麦片"移动到图层"麦片 1"的上方，如图 B02-238 所示。

[10] 打开本课配套素材"食从天降"，按 Ctrl+T 快捷键进行自由变换，将其调整到合适位置。"快到碗里来"下坠效果就制作完成了，如图 B02-239 所示。

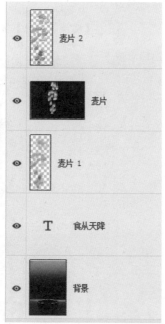

图 B02-238

图 B02-239

B02.18 综合案例——制作扇子

本综合案例完成效果参考如图 B02-240 所示。

素材作者：OpenClipart-Vectors

图 B02-240

操作步骤

01 新建文档，设定尺寸为 1920 像素 ×1920 像素，【分辨率】为 72 像素/英寸，【背景内容】为白色。选择【钢笔工具】 ，的【路径】模式，绘制一个三角形，将图层命名为"三角 1"，如图 B02-241 所示。

02 按 Ctrl+Enter 快捷键将路径生成为选区，将前景色设置为淡蓝色（色值为 R：183、G：218、B：231），按 Alt+Delete 快捷键填充淡蓝色，如图 B02-242 所示。

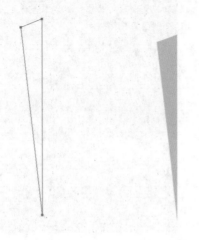

图 B02-241   图 B02-242

03 按 Ctrl+J 快捷键复制图层"三角 1"，将新图层命名为"三角 2"。选择图层"三角 2"，按 Ctrl+T 快捷键进行自由变换，在图形中右击选择【水平翻转】选项，再将"三角 1"与"三角 2"的两个长边对齐，如图 B02-243 所示。

04 将前景色设置为深蓝色（色值为 R：82、G：133、B：165），按 Alt+Delete 快捷键填充深蓝色，如图 B02-244 所示。

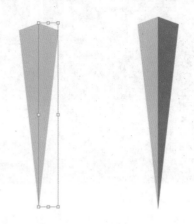

图 B02-243   图 B02-244

05 按 Ctrl+J 快捷键复制图层"扇叶 1"，将新图层命名为"扇叶 2"；选择图层"扇叶 2"，按 Ctrl+T 快捷键进行自由变换，在图形上右击选择【旋转】选项，在选项栏中选中【切换参考点】 复选框，将参考点位置切换至图像中心下方，如图 B02-245 所示。

06 旋转图层"扇叶 2"使其与"扇叶 1"两边重合，效果如图 B02-246 所示。

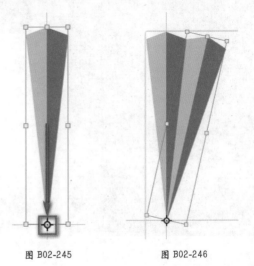

图 B02-245   图 B02-246

07 在选项栏中提交操作，然后连按 10 次 Ctrl+Shift+Alt+T 快捷键复制刚刚的操作，此时效果如图 B02-247 所示。

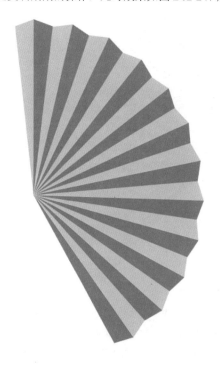

图 B02-247

08 在图层列表中选中所有"扇面"，按 Ctrl+G 快捷键进行编组并命名为"扇叶组"，如图 B02-248 所示。

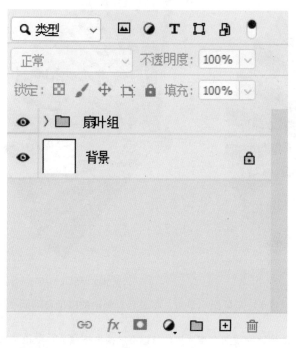

图 B02-248

09 按 Ctrl+R 快捷键显示标尺，单击上方和左侧的标

尺，分别从中拖曳出两条辅助线，使两条辅助线对齐旋转点，如图 B02-249 所示。

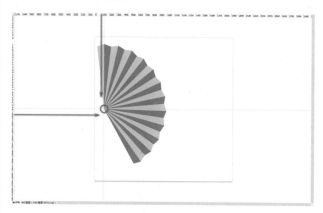

图 B02-249

10 按 Ctrl+Shift+N 快捷键新建一个图层，将其命名为"扇柄 1"，选择【钢笔工具】的【路径】模式，绘制如图 B02-250 所示的四边形。

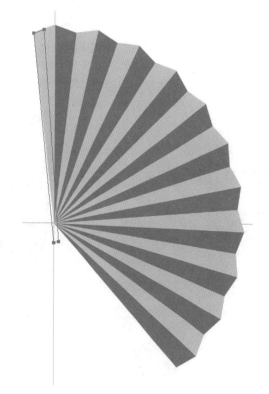

图 B02-250

11 按 Ctrl+Enter 快捷键将绘制的四边形生成选区，新建图层，选择【渐变工具】 ，在选项栏中单击调整【渐变色】，在【渐变编辑器中】将渐变条的左色标的色值调整为 R：227、G：189、B：103，再将右色标的色值调整为 R：182、G：110、B：1，如图 B02-251 所示。在画布中拖曳鼠标，绘制渐变效果，如图 B02-252 所示。

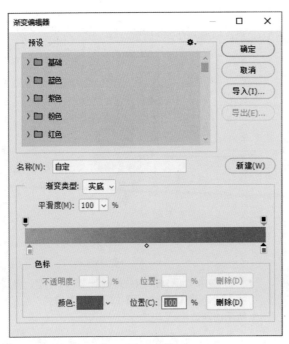

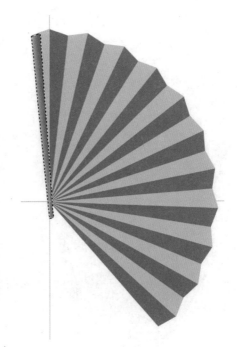

图 B02-251　　　　　　　　　　　　　　　　　　图 B02-252

12 按 Ctrl+J 快捷键复制图层，将新图层命名为"扇柄 2"，按 Ctrl+T 快捷键进行自由变换，将参考点与辅助线的交点对齐，如图 B02-253 所示。再将其旋转至下一扇叶的位置，方法与步骤 06 类似，效果如图 B02-254 所示。

13 连按 10 次 Ctrl+Shift+Alt+T 快捷键复制刚刚的操作，此时效果如图 B02-255 所示。

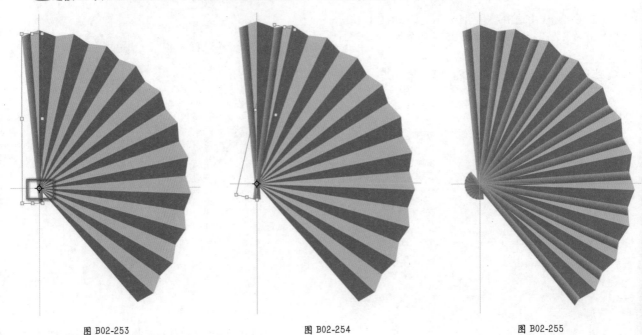

图 B02-253　　　　　　　　　　　　图 B02-254　　　　　　　　　　　　图 B02-255

14 在图层列表中将前 11 个扇柄图层编组，命名为"扇柄组"，置于"扇叶组"下方，将最后复制出的扇柄移动到"扇叶组"的上方，此时的图层列表如图 B02-256 所示。

15 选择图层"扇叶组"，选择【椭圆选框工具】◯，将光标移动到辅助线的交点并按住左键不放，再按住 Alt+Shift 键绘制正圆，如图 B02-257 所示。

16 在图层列表下方按住 Alt 键单击【添加图层蒙版】▢ 按钮，为图层"扇叶组"添加蒙版，如图 B02-258 所示。

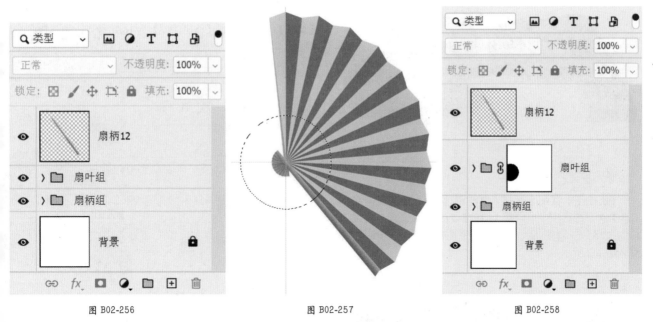

图 B02-256   图 B02-257   图 B02-258

🔢 在图层列表中选中"扇柄 12""扇柄组"和"扇叶组",右击选择【转换为智能对象】选项;按 Ctrl+T 快捷键进行自由变换,调整其大小和位置,再按 Ctrl+H 快捷键隐藏辅助线,如图 B02-259 所示。

🔢 打开本课配套素材"屏风",将其移动至智能对象的下方;按 Ctrl+T 快捷键进行自由变换,调整扇子的大小、位置和角度。这样扇子效果就制作完成了,如图 B02-260 所示。

图 B02-259   图 B02-260

B02.19   综合案例——合成草地文字

本综合案例完成效果参考如图 B02-261 所示。

图 B02-261

操作步骤

01 打开本课配套素材"羊群草地",选择【横排文字工具】T.,在选项卡中调整【颜色】为白色。在画布中键入文字"PS"并调整其大小,将文字图层命名为"PS",如图 B02-262 所示。

图 B02-262

02 选择图层"PS",执行【3D】-【从所选图层新建 3D 模型】菜单命令,此时画布中的文字变成立体效果,拖曳 X 轴调整角度,如图 B02-263 所示。

图 B02-263

03 在右侧的 3D 面板中选择【滤镜:网络】■,然后在【属性】面板中设置【凸出深度】为 16.96 像素,如图 B02-264 所示。

图 B02-264

04 在选项栏中选择【拖动 3D 对象】选项,如图 B02-265 所示,将 3D 文字移动到合适的位置,如图 B02-266 所示。

图 B02-265

图 B02-266

05 在选项栏中选择【滑动 3D 对象】选项,如图 B02-267 所示,将 3D 文字放大至合适大小,如图 B02-268 所示。

图 B02-267

图 B02-268

06 在 3D 面板中选择【滤镜：光源】，然后在【属性】面板中取消选中【阴影】复选框，如图 B02-269 所示。

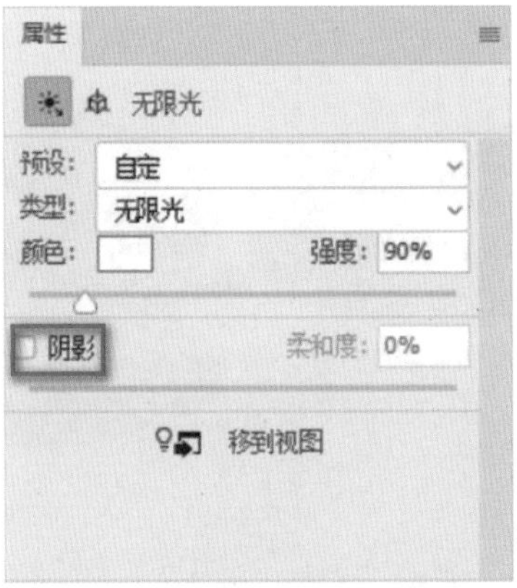

属性

☀ ✛ 无限光

预设： 自定
类型： 无限光
颜色： 　　　　 强度： 90%

☐ 阴影　　　　　柔和度： 0%

♀ 🗐 移到视图

图 B02-269

07 在 3D 面板中选择【滤镜：材质】，在列表中选择【PS 凸出材质】，在【属性】面板中设置【基础颜色】为深灰色，【内部颜色】为黑色，【发光】为 0%，【金属质感】为 8%，【粗糙度】为 33%，【高度】为 10%，其他参数保持默认，如图 B02-270 所示。

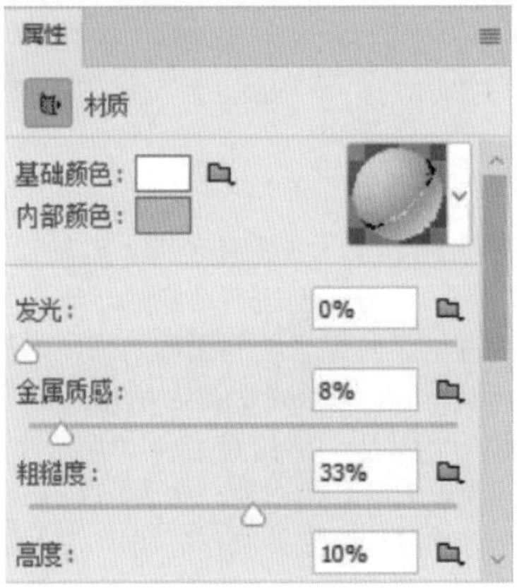

属性

🔲 材质

基础颜色：　　　▢
内部颜色：　　　

发光：　　　　　0%
金属质感：　　　8%
粗糙度：　　　　33%
高度：　　　　　10%

图 B02-270

08 在图层列表中右击图层 "PS"，选择【转换为智能对象】选项。按 Ctrl+J 快捷键复制图层 "背景"，将原图层命名为 "草地"，将新图层命名为 "蒙版"，在图层列表中将图层 "蒙版" 置顶并隐藏。选择图层 "PS"，使用【魔棒工具】选中 3D 字体中白色的部分，如图 B02-271 所示。

图 B02-271

09 在图层列表中隐藏图层 "草地"，再选择图层 "蒙版"，单击列表下方的【添加图层蒙版】🔲 按钮添加蒙版，再显示图层 "蒙版"，如图 B02-272 所示，效果如图 B02-273 所示。

图 B02-272

图 B02-273

10 单击图层和蒙版之间的【指示图层蒙版链接到图层】按钮,取消图层蒙版的链接,如图 B02-274 所示。

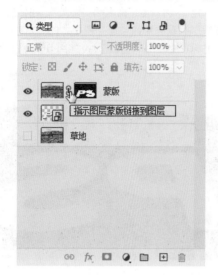

图 B02-274

11 选择图层"草地",按 Ctrl+T 快捷键进行自由变换,选择【移动工具】🕂 拖曳图片至合适的位置,如图 B02-275 所示。

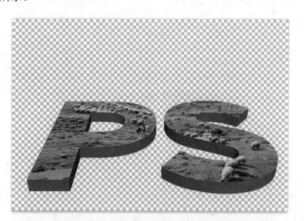

图 B02-275

12 在图层列表中选择图层"蒙版",将前景色调整为白色,使用【画笔工具】✏️ 在蒙版中涂抹,使文字边缘的山羊群显现出来,如图 B02-276 所示。

图 B02-276

13 选择图层"PS",使用【魔棒工具】选中 3D 文字灰色的立面,如图 B02-277 所示。

图 B02-277

14 按 Ctrl+Shift+N 快捷键新建图层,设置前景色为灰色,按 Alt+Delete 快捷键填充灰色,将图层命名为"立体面"并将其移动到图层"PS"的上方,使用【画笔工具】✏️ 在 P 和 S 中间的连接部位涂抹出立体效果,如图 B02-278 所示。

图 B02-278

15 打开本课配套素材"立体岩石",将新图层命名为"岩石"并在图层列表中将其移动到"立体面"的上方,按 Ctrl+Alt+G 快捷键创建剪贴蒙版,如图 B02-279 所示。

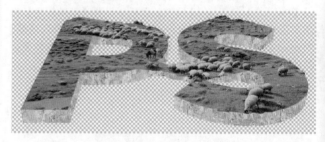

图 B02-279

16 新建一个图层,将其命名为"阴影",再将其移动到图层"岩石"的上方并创建剪贴蒙版,结合【多边形套索工具】🔽 和【画笔工具】✏️ 绘制阴影效果,再按 Ctrl+Alt+G 快捷键创建剪贴蒙版,如图 B02-280 所示。

17 新建一个图层,将其命名为"背景",在图层列表中将其置底,设置前景色为白色,按 Alt+Delete 快捷键填充背景色为白色。这样草地文字就制作完成了,效果如图 B02-281 所示。

图 B02-280

图 B02-281

B02.20 综合案例——制作皮质钱包

本综合案例完成效果参考如图 B02-282 所示。

图 B02-282

操作步骤

01 新建文档，设定尺寸为 1920 像素 ×1080 像素，【分辨率】为 72 像素 / 英寸，【背景内容】为白色，如图 B02-283 所示。

图 B02-283

02 新建图层，将其命名为 "1"，设置前景色为黑色，背景色为白色，按 Ctrl+Delete 快捷键填充背景色，执行【滤镜】-【滤镜库】菜单命令，在【滤镜库】窗口中选择【纹理】-【染色玻璃】滤镜，设置【单元格大小】为 9，【边框粗细】为 4，【光照强度】为 5，效果如图 B02-284 所示。

图 B02-284

03 执行【滤镜】-【模糊】-【高斯模糊】菜单命令，在【高斯模糊】对话框中将【半径】设置为 2.0 像素，如图 B02-285 所示。

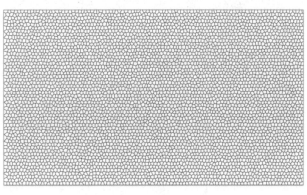

图 B02-285

04 按 Ctrl+L 快捷键调整【色阶】，在【色阶】对话框中调整滑块，使参数为147、1.00、185，如图 B02-286 所示，此时效果如图 B02-287 所示。

图 B02-286

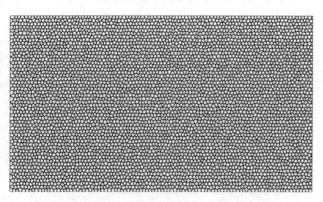

图 B02-287

05 在通道列表中按住 Ctrl 键单击 RGB 通道，生成高亮选区，在图层"1"上方新建一个图层并命名为"2"，设置前景色的色值为 R：148、G：94、B：23，按 Alt+Delete 快捷键填充白色区域，如图 B02-288 所示。

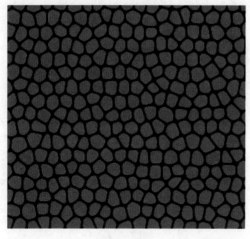

图 B02-288

06 在图层列表中双击图层"2"，打开【图层样式】对话框，选中并打开【斜面和浮雕】选项卡，参数设置如图 B02-289 所示；选中并打开【纹理】选项卡，将【图案】设置为草，【缩放】为57%，【深度】为 +10%，如图 B02-290 所示。此时效果如图 B02-291 所示。

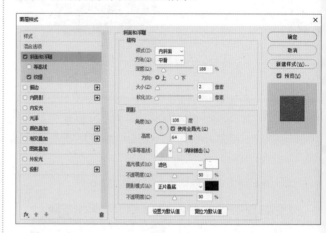

图 B02-289

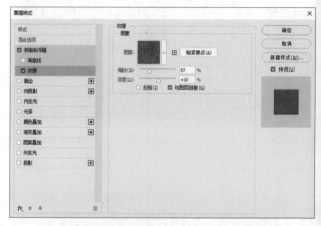

图 B02-290

图 B02-291

07 选择图层"1"，按 Ctrl+M 快捷键打开【曲线】对话框，在其中将曲线左边的定点调整为 90（见图 B02-292），此时效果如图 B02-293 所示。

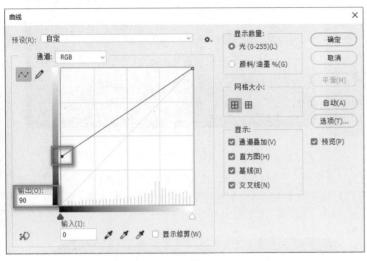

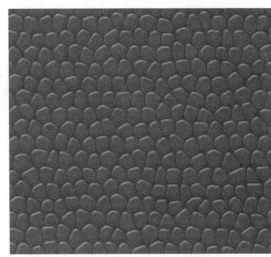

图 B02-292   图 B02-293

08 按 Ctrl+B 快捷键打开【色彩平衡】对话框，在其中选中【阴影】复选框后将【色阶】调整为 +41、−1、−22，此时效果如图 B02-294 所示。

09 在图层列表中选中图层"1"和"2"，右击选择【转换为智能对象】选项，将智能对象图层命名为"皮质"。新建一个图层，将其命名为"钱包形状"，选择【圆角矩形工具】 绘制一个圆角矩形，在【属性】面板中将圆角矩形上面的两个圆角设置为 150 像素，下面两个圆角设置为 40 像素，效果如图 B02-295 所示。

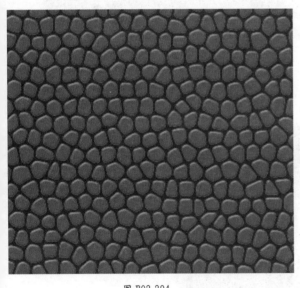

图 B02-294   图 B02-295

10 在图层列表中将图层"皮质"移动至图层"钱包形状"上方，按 Ctrl+Alt+G 快捷键创建剪贴蒙版，如图 B02-296 所示。

11 在图层列表中双击图层"钱包形状"，在【图层样式】对话框中选中并打开【斜面和浮雕】选项卡，设置【样式】为内斜面，【方法】为平滑，【深度】为 844%，【大小】为 32 像素，【软化】为 13 像素，【角度】为 128 度，【高度】为 26 度，【高光模式】为柔光，【阴影模式】为正片叠底，【颜色】为黑色，【不透明度】为 56%；选中并打开【投影】选项卡，设置【混合模式】为正片叠底，【颜色】为黑色，【不透明度】为 33%，【角度】为 125 度，【距离】为 102 像素，【大小】为 57 像素，效果如图 B02-297 所示。

图 B02-296

图 B02-297

12 在图层"皮质"上方新建一个图层，将其命名为"立体光"，设置图层"立体光"的【混合模式】为柔光，【不透明度】为70%。选择【渐变工具】 ，在选项栏中将【样式】调整为【径向渐变】 ，将【渐变色】调整为黑 - 白，在画布中绘制渐变，如图 B02-298 所示，效果如图 B02-299 所示。

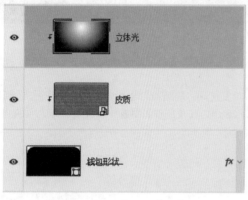

图 B02-298

图 B02-299

13 打开本课配套素材"钱包素材"，将其在图层列表中置顶，在画布中调整其大小和位置。这样皮质钱包就制作完成了，效果如图 B02-300 所示。

图 B02-300

B02.21 作业练习——制作多屏幕同步样机

本作业原图和完成效果参考如图 B02-301 所示。

(a) 原图

素材作者：Pexels、wobushishuaige

(b) 完成效果参考

图 B02-301

作业思路

　　选择【矩形工具】绘制矩形，通过自由变换将其与电脑屏幕对齐，转换为智能对象后复制得到电脑屏幕，变换矩形的大小与电脑屏幕对齐，导入风景素材后进行智能对象编辑，最后创建剪贴蒙版。注意图层列表中各图层的位置。

主要技术

1.【矩形工具】。

2.【自由变换】。

3. 转换为【智能对象】。

4. 创建【剪贴蒙版】。

本作业原图和完成效果参考如图 B02-302 所示。

(a) 原图

素材作者：geralt、OpenClipart-Vectors

(b) 完成效果参考

图 B02-302

作业思路

选择【形状工具】绘制图形，将香烟素材插入，完成标志的制作；再将整个标志置入背景素材中。

主要技术

1.【形状工具】。

2.【自由变换】。

B02.23 作业练习——制作梅花 6 扑克牌

本作业完成效果参考如图 B02-303 所示。

图 B02-303

作业思路

　　使用梅花形状以及数字 6，搭配使用智能对象和自由变换制作牌面，再复制牌面并设置图案叠加和颜色叠加制作扑克牌背面，添加投影。

主要技术

1.【形状工具】。

2.【智能对象】。

3.【自由变换】。

4.【图层样式】-【投影】、【图案叠加】、【颜色叠加】、【投影】。

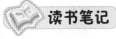 读书笔记

_____

_____

_____

_____

_____

_____

_____

B03.1 实例练习——设计街头涂鸦文字

本实例完成效果参考如图 B03-1 所示。

素材作者：StockSnap

图 B03-1

操作步骤

01 打开本课配套素材"街头男子"，选择【横排文字工具】 T.，输入"PHOTOSHOP"，设置一种手写风格的字体，调整"P"的【大小】为 500 点，"HOTOSHOP"的【大小】为 373 点；执行【编辑】-【变换】-【变形】菜单命令，调整【变形】类型为花冠，【弯曲】为 20%，【水平扭曲】（H）为 0%，【垂直扭曲】（V）为 0%，如图 B03-2 所示。将新图层命名为"Photoshop"，效果如图 B03-3 所示。

变形：♀花∨ 📐 弯曲： 20.0 % H: 0.0 % V: 0.0 %

图 B03-2

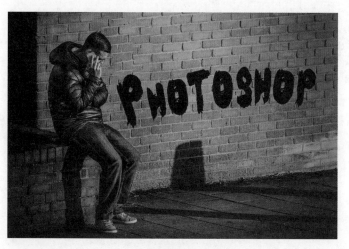

图 B03-3

02 在图层列表中双击图层"Photoshop"打开【图层样式】面板，在【混合选项】选项卡中调整【填充不透明度】为 0%，如图 B03-4 所示。

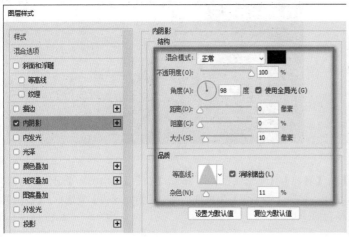

图 B03-4

03 选中并打开【内阴影】选项卡,调整【混合模式】为正常,【颜色】为黑色,【不透明度】为100%,【角度】为98度,选中【使用全局光】复选框,【距离】为0像素,【阻塞】为0%,【大小】为10像素;调整【等高线】为锥形,选中【消除锯齿】复选框,【杂色】为11%,如图 B03-5 所示,效果如图 B03-6 所示。

图 B03-5   图 B03-6

04 选中并打开【内发光】选项卡,调整【混合模式】为正常,【不透明度】为95%,【杂色】为0%,【颜色】的色值为R:0、G:246、B:255;调整【方法】为精确,【源】选择【边缘】,【阻塞】为54%,【大小】为8像素;调整【等高线】为线性,选中【消除锯齿】复选框,【范围】为61%,【抖动】为79%,如图 B03-7 所示,效果如图 B03-8 所示。

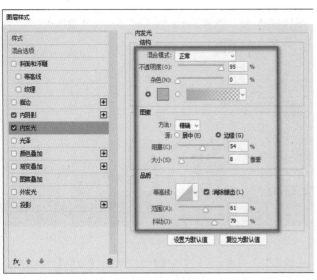

图 B03-7   图 B03-8

05 选中并打开【光泽】选项卡，调整【混合模式】为叠加，【颜色】的色值为 R：255、G：1、B：180，调整【不透明度】为 100%，【角度】为 90 度，【距离】为 19 像素，【大小】为 24 像素，调整【等高线】为线性，选中【消除锯齿】和【反相】复选框，如图 B03-9 所示，效果如图 B03-10 所示。

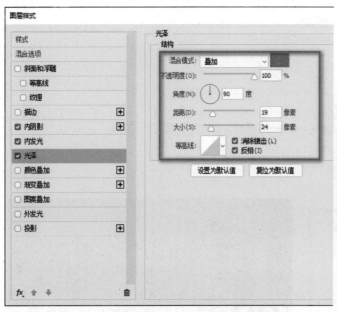

图 B03-9　　　　　　　　　　　　　　　　　　　　　　图 B03-10

06 选中并打开【外发光】选项卡，调整【混合模式】为【亮光】，【不透明度】为 36%，【杂色】为 10%，【颜色】为蓝色；调整【方法】为精确，【扩展】为 68%，【大小】为 24 像素；调整【等高线】为线性，选中【消除锯齿】复选框，【范围】为 94%，【抖动】为 45%，如图 B03-11 所示，效果如图 B03-12 所示。

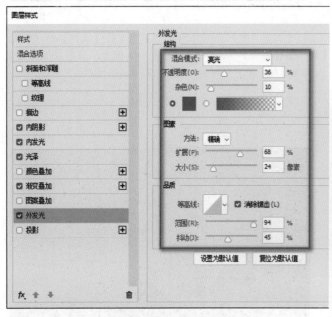

图 B03-11　　　　　　　　　　　　　　　　　　　　　　图 B03-12

07 选中并打开【投影】选项卡，调整【混合模式】为正常，【颜色】为黑色，【不透明度】为 100%，【角度】为 98 度，选中【使用全局光】复选框，【距离】为 5 像素，【扩展】为 39%，【大小】为 24 像素；调整【等高线】为线性，选中【消除锯齿】

复选框,【杂色】为10%,如图B03-13所示。

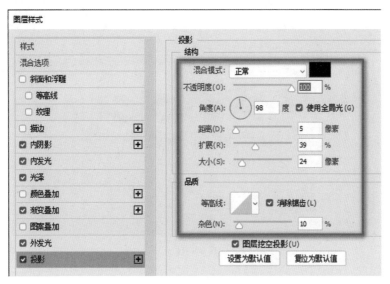

图 B03-13

08 回到【混合选项】选项卡中,调整【混合颜色带】为灰色,【下一图层】的左色标色值为86,右色标色值为200,如图B03-14所示。单击【确定】按钮提交操作,街头涂鸦文字就制作完成了,如图B03-15所示。

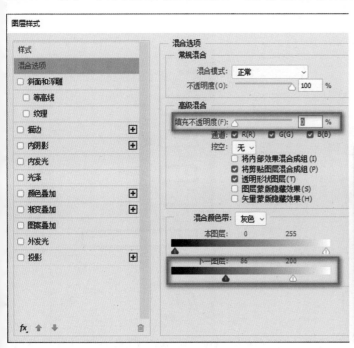

图 B03-14

图 B03-15

B03.2 实例练习——设计清新牙膏字体

本实例完成效果参考如图B03-16所示。

图 B03-16

操作步骤

01 新建文档，在【新建文档】对话框设定尺寸为 600 像素 ×400 像素，【分辨率】为 72 像素 / 英寸，【背景内容】为白色，如图 B03-17 所示。

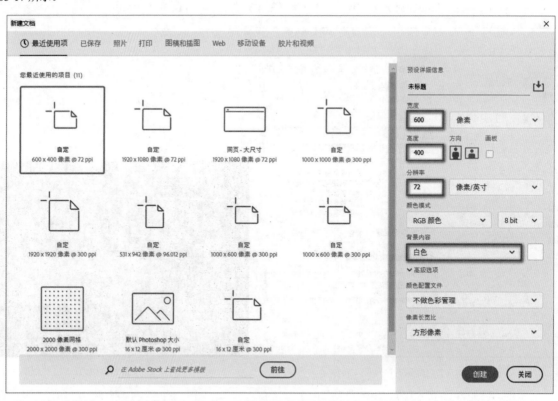

图 B03-17

02 按 Ctrl+J 快捷键复制背景图层，将其命名为"图层 1"；双击图层"图层 1"，打开【图层样式】对话框，选中并打开【渐变叠加】选项卡，调整【混合模式】为正常，【不透明度】为 100%；调整【渐变】，设置【渐变条】左色标的色值为 R：188、G：251、B：244，右色标的色值为 R：42、G：187、B：157；【样式】为径向，选中【与图层对齐】复选框，【角度】为 0 度，【缩放】为 100%，如图 B03-18 所示，效果如图 B03-19 所示。

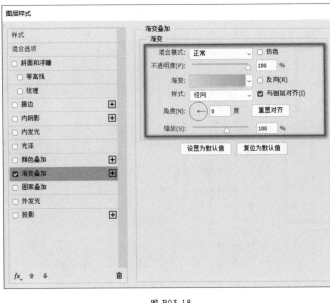

图 B03-18

图 B03-19

03 选择【横排文字工具】**T.**，输入"wensen"，设置【字体】为 Comic Sans MS，【大小】为 139.38 点，【颜色】为白色，选中【加粗】按钮，将图层命名为"字母"，效果如图 B03-20 所示。

04 双击图层"字母"，打开【图层样式】对话框，选中并打开【斜面和浮雕】选项卡，调整【样式】为外斜面，【方法】为雕刻清晰，【深度】为 900%，【方向】为上，【大小】为 13 像素，【软化】为 3 像素；【角度】为 114 度，【高度】为 53 度，选中【消除锯齿】复选框，【高光模式】为正常（色值为 R：86、G：241、B：188），【不透明度】为 100%，【阴影模式】为正常（色值为 R：15、G：179、B：165），【不透明度】为 100%，如图 B03-21 所示。

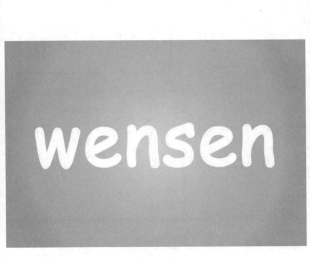

图 B03-20

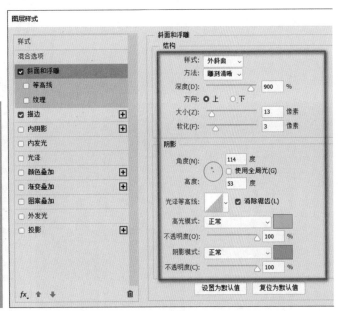

图 B03-21

05 选中并打开【描边】选项卡，调整【大小】为 18 像素，【位置】为外部，【混合模式】为正常，【不透明度】为 98%，【填充类型】为渐变，如图 B03-22 所示；在【渐变编辑器】中设置【渐变条】的左色标为白色，右色标的色值为 R：113、G：218、B：209，【色标】的【不透明度】为 0%，如图 B03-23 所示；选中【反向】复选框，【样式】为线性，选中【与图层对齐】复选框，【角度】为 90 度，【缩放】为 100%，效果如图 B03-24 所示。

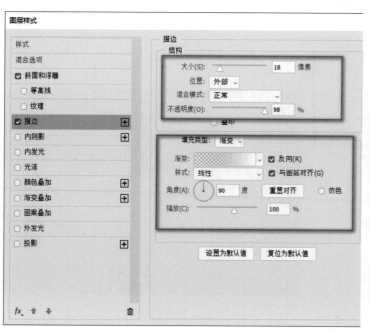

图 B03-22   图 B03-23

06 按 Ctrl+J 快捷键复制图层"字母"，将图层命名为"字母1"；双击图层"字母1"，打开【图层样式】对话框，选中并打开【斜面和浮雕】选项卡，调整【样式】为内斜面，【方法】为雕刻清晰，【深度】为900%，【方向】为上，【大小】为13像素，【软化】为3像素；【角度】为114度，【高度】为53度，选中【消除锯齿】复选框，【高光模式】为正常（色值为R：255、G：252、B：163），【阴影模式】为正常（色值为R：187、G：217、B：147），【不透明度】为100%，如图 B03-25 所示。

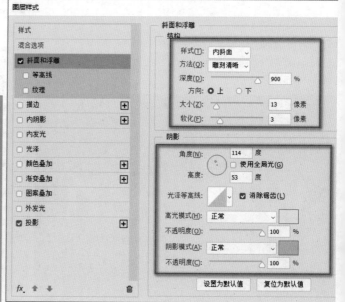

图 B03-24   图 B03-25

07 选中并打开【投影】选项卡，调整【混合模式】为正常（色值为R：5、G：115、B：105），【不透明度】为59%，【角度】为90度，选中【使用全局光】复选框，【距离】为3像素，【扩展】为48%，【大小】为5像素，如图 B03-26 所示。这样清新牙膏字体就制作完成了，效果如图 B03-27 所示。

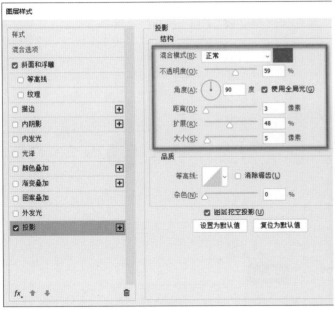

图 B03-26

图 B03-27

B03.3 实例练习——制作气球文字效果

本实例完成效果参考如图 B03-28 所示。

图 B03-28

操作步骤

01 新建文档，设定尺寸为 900 像素 ×900 像素，【分辨率】为 72 像素 / 英寸，【背景内容】为白色，如图 B03-29 所示。

图 B03-29

02 新建图层并将其命名为 "1"，选择图层 "1"，选择【椭圆选框工具】 ○，按住 Shift 键绘制一个尺寸为 150 像素×150 像素的正圆，如图 B03-30 所示。

图 B03-30

03 选择【渐变工具】 ■，【颜色】可随意选择，这里以蓝色为例。选择【径向渐变】模式，调整【模式】为正常，【不透明度】为100%，选中【反向】复选框，如图 B03-31 所示，填充刚刚绘制的圆，效果如图 B03-32 所示。

图 B03-31

图 B03-32

04 选择【混合器画笔工具】 ，调整【画笔大小】为 150 像素，按住 Alt 键单击图层"1"的圆，调整【潮湿】为100%，【载入】为100%，【混合】为0%，【流量】为100%，【描边平滑度】为100%，【角度】为0°，如图 B03-33 所示；打开【画笔设置】面板，调整【间距】为1%，如图 B03-34 所示。

图 B03-33

图 B03-34

05 隐藏图层"1"，新建一个图层并命名为图层"2"，绘制点和横线；再新建一个图层，将其命名为图层"3"，绘制一个撇；再新建一个图层，将其命名为"4"，绘制一个捺，效果如图 B03-35 所示。

06 下面完善文字效果，在图层列表中调整图层顺序，将图层"4"移动到图层"3"下方，将图层"2"移动到图层"3"上方，如图 B03-36 所示。这样气球文字就制作完成了，效果如图 B03-37 所示。

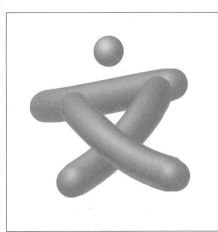

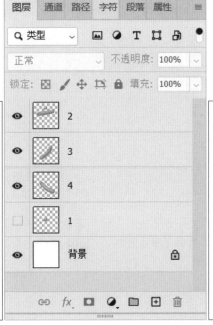

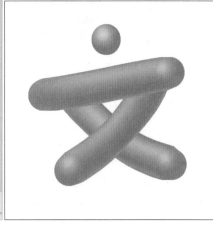

图 B03-35

图 B03-36

图 B03-37

B03.4 综合案例——制作彩色半调风格文字

本综合案例完成效果参考如图 B03-38 所示。

图 B03-38

操作步骤

01 新建文档，设定尺寸为 900 像素 ×900 像素，【分

辨率】为 96 像素 / 英寸，【背景内容】为白色，如图 B03-39 所示。

图 B03-39

02 选择【横排文字工具】 T.，在选项栏中调整【大小】为 462，【颜色】为灰色（色值为 R：94、G：94、B：94），输入"W"，如图 B03-40 所示。

图 B03-43

05 选择图层"W"，在图层列表下方单击【创建新的填充或调整图层】按钮，选择【渐变填充】选项，在【渐变填充】对话框中将【渐变】设置为一个亮丽的颜色，这里以"紫色_04"预设为例，【样式】为线性，【角度】为 90 度，如图 B03-44 所示，将新图层命名为"渐变"。

图 B03-40

03 在图层列表中右击文字图层"W"，选择【栅格化文字】选项，如图 B03-41 所示。

图 B03-41

04 执行【滤镜】-【模糊】-【高斯模糊】菜单命令，设置【半径】为 13.9 像素，如图 B03-42 所示，此时效果如图 B03-43 所示。

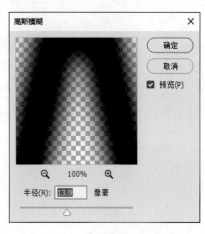

图 B03-42

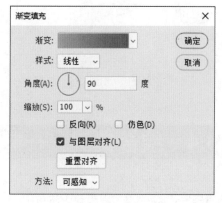

图 B03-44

06 选择图层"渐变"，按 Ctrl+Alt+G 快捷键创建剪贴蒙版，如图 B03-45 所示，此时效果如图 B03-46 所示。

图 B03-45

图 B03-46

07 在图层列表中选中所有图层，右击选择【转换为智能对象】选项，将新图层命名为"彩色半调字"，如图 B03-47 所示。

图 B03-47

08 选择图层"彩色半调字"，执行【滤镜】-【像素化】-【彩色半调】菜单命令，在【彩色半调】对话框中将【最大半径】设置为 6 像素，将【通道 1】～【通道 4】全部设置为 45，如图 B03-48 所示，此时效果如图 B03-49 所示。

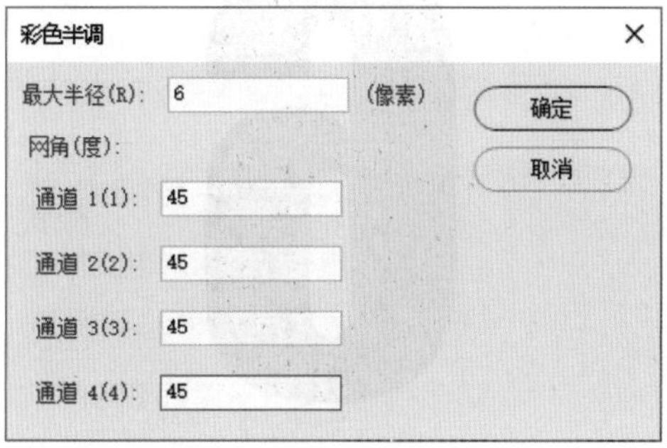

图 B03-48

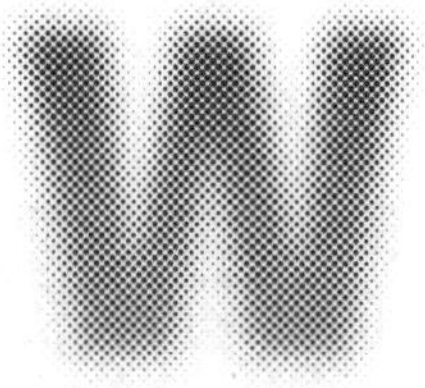

图 B03-49

09 选择图层"彩色半调字"，按 Ctrl+T 快捷键进行自由变换，改变图层的形状，按住 Ctrl 键进入扭曲模式，如图 B03-50 所示。

图 B03-50

10 打开本课配套素材"黑白背景墙"，将其移动到图层"彩色半调字"下方，将图层"彩色半调字"的【混合模式】调整为正片叠底。这样彩色半调风格的文字就制作完成了，效果如图 B03-51 所示。

素材作者：geralt

图 B03-51

本综合案例完成效果参考如图 B03-52 所示。

素材作者：FelixMittermeier

图 B03-52

操作步骤

01 新建文档，设定尺寸为 900 像素 ×900 像素，【分辨率】为 96 像素 / 英寸，【背景内容】为白色，如图 B03-53 所示。

图 B03-53

02 选择【横排文字工具】 T.，设置【字体】为 Impact，【颜色】为黑色，输入"6"，将新图层命名为"6"，按 Ctrl+T 快捷键进行自由变换，调整数字大小，效果如图 B03-54 所示。

图 B03-54

03 在图层列表中按住 Ctrl 键单击图层"6"的缩览图生成选区，如图 B03-55 所示，此时效果如图 B03-56 所示。

图 B03-55

图 B03-56

Photoshop 案例实战从入门到精通

04 选择【矩形选框工具】□，按住 Alt 键框选 "6" 的一部分，如图 B03-57 所示。

图 B03-57

05 在裁剪后的选区上右击选择【建立工作路径】选项，将【容差】设置为 0.5 像素，如图 B03-58 所示，此时效果如图 B03-59 所示。

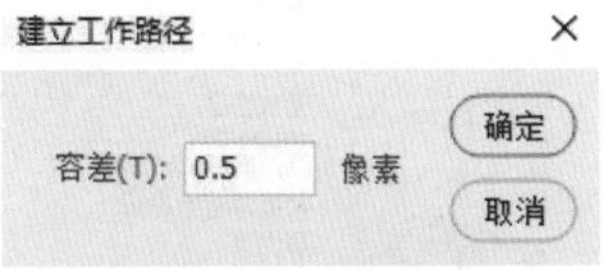

图 B03-58

图 B03-59

06 选择【钢笔工具】❏，在选项栏中单击【形状】按钮，如图 B03-60 所示，根据路径新建形状图层，将新图层命名为 "6 左"，此时效果如图 B03-61 所示。

图 B03-60

图 B03-61

07 隐藏图层 "6 左"，使用相同的方法，按住 Ctrl 键单击图层 "6" 的缩览图生成选区，选择【矩形选框工具】，按住 Alt 键框选 "6" 的其余部分，建立工作路径后使用【钢笔工具】新建形状图层，将新图层命名为 "6 右"，效果如图 B03-62 所示。

图 B03-62

08 在图层列表中隐藏图层 "6"，显示并选择图层 "6 左"，选择【横排文字工具】，此时将鼠标移动到图层 "6 左" 的形状中，光标会变成区域文字符号①，单击即可进入编辑模式，复制并粘贴一段英文到区域文字的编辑框中，在选项栏中调整合适的字体大小，效果如图 B03-63 所示。

图 B03-63

09 将新的文字图层命名为"6左文字"并隐藏图层"6左",如图 B03-64 所示。

图 B03-64

10 使用相同的方法根据图层"6右"制作出图层"6右文字"并隐藏图层"6右",效果如图 B03-65 所示。

图 B03-65

11 删除图层"6""6左""6右",在图层列表中选择"6左文字""6右文字",按 Ctrl+G 快捷键进行编组,将其命名为"组1",如图 B03-66 所示。

图 B03-66

12 隐藏"组1",按 Ctrl+Shift+N 快捷键新建图层,将其命名为"7";选择【横排文字工具】调整大小和颜色,设置【颜色】为浅灰,在画布中输入"7"并调整其大小,效果如图 B03-67 所示。

图 B03-67

13 在图层列表中右击图层"7",选择【转换为形状】选项,如图 B03-68 所示,效果如图 B03-69 所示。

图 B03-68

图 B03-69

14 选择【横排文字工具】，在图层"7"的形状中粘贴英文，将新的文字图层命名为"7文字"并在图层列表中将其【不透明度】调整为25%，然后隐藏图层"7"，效果如图B03-70所示。

15 打开本课配套素材"黑白报纸"，将制作好的"6"和"7"拖曳到"黑白报纸"中，按Ctrl+T快捷键进行自由变换，调整大小和位置。这样由文字组成的数字就制作完成了，效果如图B03-71所示。

图 B03-70   图 B03-71

B03.6 综合案例——制作文字主题商品海报

本综合案例完成效果参考如图B03-72所示。

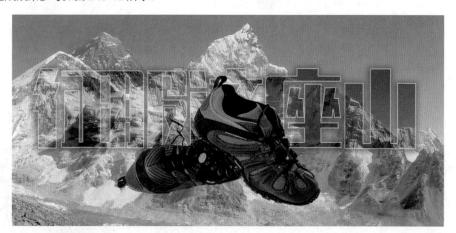

素材作者：stevepb、Simon

图 B03-72

操作步骤

01 打开本课配套素材"雪山"，选择【横排文字工具】T，调整【大小】为500点，输入"征服这座山"，将图层命名为"文字"，如图 B03-73 所示。

02 在图层列表中双击图层"文字"打开【图层样式】对话框，选中并打开【描边】选项卡，调整【大小】为4像素,【位置】为内部,【混合模式】为叠加,【不透明度】为 100%，填充【颜色】为白色，如图 B03-74 所示。

图 B03-73

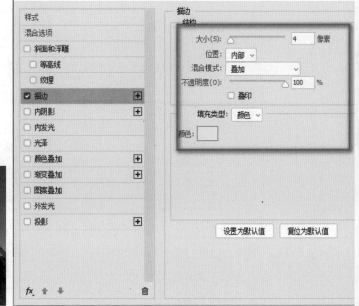

图 B03-74

03 选中并打开【投影】选项卡，调整【混合模式】为正片叠底（色值为 R：17、G：39、B：98），调整【不透明度】为 39%,【角度】为 30 度,【距离】为 5 像素,【扩展】为 24%,【大小】为 46 像素，如图 B03-75 所示，效果如图 B03-76 所示。

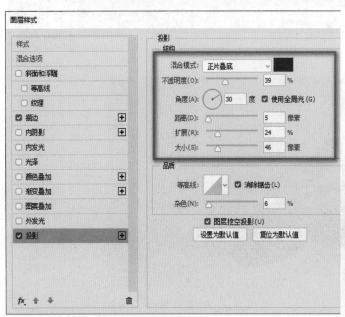

图 B03-75

图 B03-76

04 在图层列表中选择图层"背景"，连按 Ctrl+J 快捷键复制两个图层，分别命名为"雪山 1"和"雪山 2"，并将这两个图层移动到图层"文字"上方，右击选择【创建剪贴蒙版】选项，如图 B03-77 所示。

图 B03-77

05 在图层列表中双击图层"雪山1",打开【图层样式】对话框,在【混合选项】选项卡中取消选中 G 通道,如图 B03-78 所示;双击图层"雪山2",打开【图层样式】对话框,在【混合选项】选项卡中取消选中 R 通道,如图 B03-79 所示。按上方向键调整位置,效果如图 B03-80 所示。

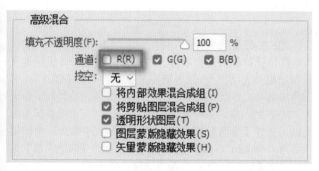

图 B03-78

图 B03-79

图 B03-80

06 打开本课配套素材"登山鞋",将"登山鞋"拖曳至"雪山"文档中的合适位置,效果如图 B03-81 所示。

图 B03-81

07 选择图层"背景",在图层列表中单击下方【创建新的填充或调整图层】 按钮,选择【色阶】选项,调整【色阶】的值为0、3.32、255,如图 B03-82 所示。这样主题海报就制作完成了,效果如图 B03-83 所示。

图 B03-82

图 B03-83

本综合案例完成效果参考如图 B03-84 所示。

图 B03-84

操作步骤

01 新建文档，设定尺寸为 700 像素 ×700 像素，【分辨率】为 72 像素 / 英寸，【背景内容】为自定义纯色（色值为 R：239、G：237、B：182），如图 B03-85 所示。

宽度		
700	像素	∨

高度	方向	画板
700	▢ ▢	▢

分辨率		
72	像素/英寸	∨

颜色模式

RGB 颜色	∨	8 bit	∨

背景内容

自定义	∨	

图 B03-85

02 选择【横排文字工具】 T.，输入 "wensen"，【大小】

为 160 点，【颜色】为黑色，将图层命名为 "1"；在图层 "背景" 中输入 "xuetang"，【大小】为 80 点，【颜色】为黑色，将图层命名为 "2"，调整文字位置居中，效果如图 B03-86 所示。

图 B03-86

03 在图层列表中，选择图层 "1" 和图层 "2"，按 Ctrl+G 快捷键编组并命名为 "文字组"，按 Ctrl+J 快捷键复制图层组 "文字组"，命名新的图层组为 "文字组 2"；右击图层组 "文字组 2" 选择【合并组】选项，将新图层命名为 "文字 2"。按住 Ctrl 键单击图层 "文字 2" 的缩览图生成选区，执行【编辑】-【定义画笔预设】菜单命令，将画笔命名为 "wensen"，如图 B03-87 所示。打开【画笔设置】面板，调整【间距】为 1%，隐藏图层 "文字 2"，如图 B03-88 所示。

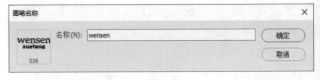

图 B03-87

04 新建一条水平参考线和一条垂直参考线，将它们的【位置】都设置为 350，如图 B03-89 所示；新建图层并命名为 "阴影"，选择图层 "阴影"，选择【钢笔工具】 ⌀. 的【路径】模式，单击参考线和右下角的端点，绘制一条路径线，如图 B03-90 所示。

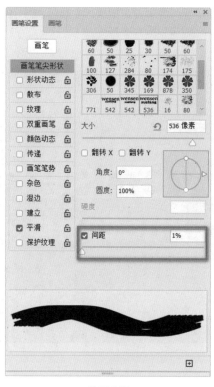

图 B03-88

图 B03-89

图 B03-90

05 调整【画笔工具】的【颜色】为黑色，选择图层"阴影"，右击刚绘制的路径线，打开【描边路径】对话框，选择【工具】为画笔，如图 B03-91 所示；关闭参考线，在图层列表中将图层"阴影"移动到图层"背景"上方，如图 B03-92 所示，此时效果如图 B03-93 所示。

图 B03-91

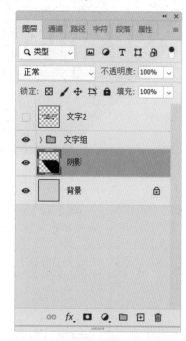

图 B03-92

图 B03-93

06 在图层列表中打开图层组"文字组",调整图层"1"和图层"2"的颜色,色值为 R:239、G:237、B:182,如图 B03-94 所示。

图 B03-94

07 新建图层并命名为"圆角矩形",在图层列表中将图层"圆角矩形"移动到图层"背景"上方;选择【圆角矩形工具】◻的【形状】模式,按住 Shift 键绘制一个正圆角矩形,调整【颜色】的色值为 R:114、G:45、B:36;在图层列表中设置图层"阴影"的【混合模式】为正片叠底,【不透明度】为 50%,效果如图 B03-95 所示。

图 B03-95

08 在图层列表中右击图层"阴影",选择【创建剪贴蒙版】选项,效果如图 B03-96 所示。

图 B03-96

09 在图层列表中选择图层"阴影",单击下方【添加图层蒙版】◻按钮,在蒙版中选择【渐变工具】◻-【黑,白渐变】给图层"阴影"添加渐变,完成效果如图 B03-97 所示。

图 B03-97

本综合案例完成效果参考如图 B03-98 所示。

图 B03-98

操作步骤

01 新建一个 Web 文档，在【空白文档预设】中选择【网页 - 大尺寸】，设置背景色为纯色（色值为 R：253、G：152、B：43）。按 Ctrl+Shift+N 快捷键新建一个图层，命名为 "WENSEN"；选择【横排文字工具】T，设置【大小】为 72 点，设置文字颜色（色值为 R：173、G：94、B：11），如图 B03-99 所示；在背景中输入 "WENSEN"，如图 B03-100所示。

图 B03-99

图 B03-100

02 复制图层 "WENSEN"，将新图层命名为 "WENSEN折纸"；选择【横排文字工具】并选中文字，在上方选项栏中设置【颜色】为白色，如图 B03-101 所示。在图层列表中右击 "WENSEN 折纸" 选择【转换为形状】选项，隐藏图层 "WENSEN"，如图 B03-102 所示。

图 B03-101

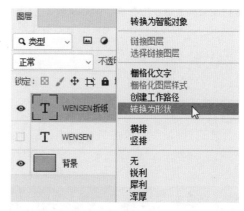

图 B03-102

03 按 Ctrl+R 快捷键显示标尺，并从上方的水平标尺中向下拖曳出一条辅助线到图像中间，如图 B03-103 所示。

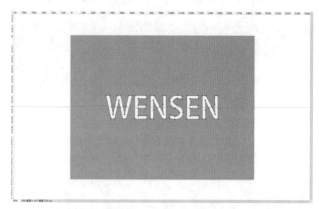

图 B03-103

04 在左侧工具栏中选择【添加锚点工具】，对齐辅助线，在每个文字中间添加锚点，过程如图 B03-104 所示。

05 复制图层 "WENSEN 折纸"，将新图层命名为 "WENSEN 折纸下"；选择【直接选择工具】，框选上半部分的锚点，按 Delete 键删除，效果如图 B03-105 所示。

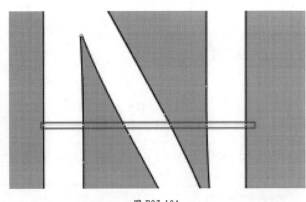

图 B03-104

图 B03-105

06 再次复制图层"WENSEN 折纸",将新图层命名为"WENSEN 折纸上";选择【直接选择工具】 ⬚ ,框选下半部分的锚点,按 Delete 键删除,效果如图 B03-106 所示。

07 在图层列表中双击图层"WENSEN",打开【图层样式】对话框,选中并打开【内阴影】选项卡,设置【混合模式】的颜色为棕色(色值为 R:103、G:67、B:27),【距离】为 6 像素,【阻塞】为 10%,【大小】为 7 像素,如图 B03-107 所示。

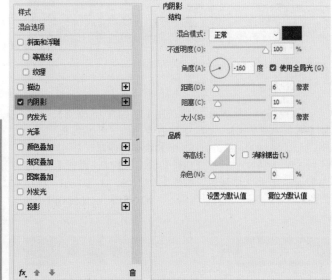

图 B03-106

图 B03-107

08 在图层列表中选择图层"WENSEN 折纸上",按 Ctrl+T 快捷键进行自由变换,按住 Shift 键拖曳上方的控点,使文字变高,再右击文字选择【斜切】选项,将上方的控点向右拖动,使文字向右上方变形,效果如图 B03-108 所示。

09 对图层"WENSEN 折纸下"执行同样的操作,效果如图 B03-109 所示。

图 B03-108

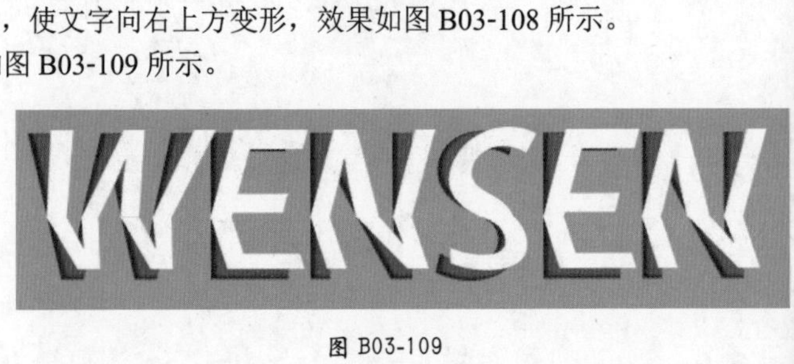

图 B03-109

10 下面为折断处添加阴影效果。在图层列表中双击图层"WENSEN 折纸上",打开【图层样式】对话框,选中并打开【渐变叠加】选项卡,如图 B03-110 所示;单击【渐变】选项打开【渐变编辑器】对话框,选择线性渐变,设置渐变的左色标为浅灰色（色值为 R：215、G：215、B：215），右色标为白色，如图 B03-111 所示。

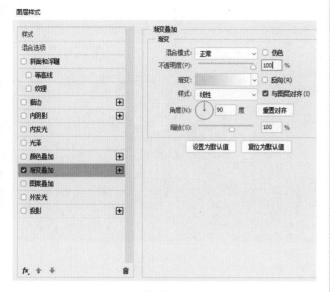

图 B03-110

图 B03-111

11 在图层列表中选中所有图层，右击选择【转换为智能对象】选项，将智能对象命名为"折纸字"，在其下方新建一个图层，填充该文档的背景色，如图 B03-112 所示。

12 选择智能对象"折纸字"，按 Ctrl+T 快捷键进行自由变换，如图 B03-113 所示；在选区中右击选择【透视】选项，向右拖曳选区下方的控点，使其变形，效果如图 B03-114

所示；再右击选择【旋转】选项，拖曳鼠标将其逆时针旋转，效果如图 B03-115 所示。

图 B03-112

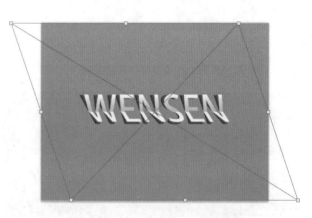

图 B03-113

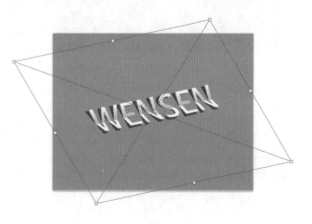

图 B03-114

13 打开本课配套素材"球形组",将其在图层列表中置顶后按 Ctrl+T 快捷键进行自由变换,调整其位置。这样折纸字效果就制作完成了,如图 B03-116 所示。

图 B03-115

图 B03-116

B03.9 综合案例——制作油彩涂抹字体

本综合案例原图和完成效果参考如图 B03-117 所示。

素材作者:Viscious-Speed

(a) 原图

(b) 完成效果参考

图 B03-117

操作步骤

01 打开本课配套素材"彩色花卉",新建一个图层并命名为"WS",隐藏图层"背景"。选择图层"WS",选择【钢笔工具】 ⬧ 的【路径】模式,在画布中绘制手写英文字体"W",按 ESC 键,然后绘制手写英文字体"S",效果如图 B03-118 所示。

02 选择图层"背景",选择【涂抹工具】 ⬧,在选项栏中设置【画笔】为硬边圆,【大小】为 60 像素,如图 B03-119 所示;在【画笔设置】面板中选中【形状动态】复选框,【强度】为 100%,选中【对所有图层取样】复选框,单击【压力设置】按钮,如图 B03-120 所示。

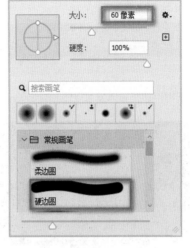

图 B03-118　　　　　　　　　　　　　　　　图 B03-119

图 B03-120

03 显示图层"背景"，新建一个空白图层并选择该图层，选择【直接选择工具】▸框选绘制的钢笔路径，在画布中右击选择【描边路径】选项，如图 B03-121 所示；在弹出的对话框中设置【工具】为涂抹，选中【模拟压力】复选框，如图 B03-122 所示。

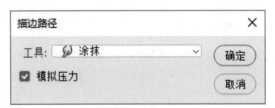

图 B03-121　　　　　　　　　　　　　　　　图 B03-122

04 单击【确定】按钮提交操作，按 Ctrl+H 快捷键隐藏绘制的路径，油彩涂抹字体效果就制作完成了，如图 B03-123 所示。

图 B03-123

B03.10　综合案例——制作金属字

本综合案例原图和完成效果参考如图 B03-124 所示。

素材作者：PellissierJP

(a) 原图　　　　　　　　　　　　　(b) 完成效果参考

图 B03-124

操作步骤

01 打开本课配套素材"火焰背景""WENSEN 金属字""金属面板"，隐藏图层"金属面板"并调整图层顺序，如图 B03-125 所示。

02 隐藏图层"金属面板"，在图层列表中双击图层"WENSEN 金属字"，打开【图层样式】对话框，选中并打开【斜面和浮雕】选项卡，设置【样式】为内斜面，【方法】为【雕刻清晰】，【深度】为1000%，【大小】为101 像素，【软化】为2 像素；调整【角度】为110 度，不选中【使用全局光】复选框，【高度】为11 度，【高光模式】为线性减淡（添加），【颜色】的色值为 R：126、G：140、B：181，【不透明度】为89%，【阴影模式】的【颜色】为黑色，【不透明度】为 0%，如图 B03-126 所示，效果如图 B03-127 所示。

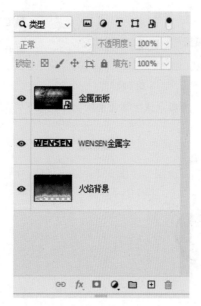

图 B03-125

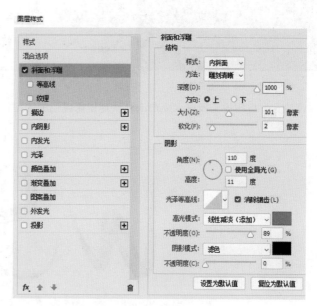

图 B03-126

图 B03-127

03 观察发现图中只有自上而下的光线,缺少火焰产生的光线,导致文字不够立体。复制图层"WENSEN 金属字",将原图层命名为"WENSEN 亮",将新图层命名为"WENSEN 暗",并将新图层移动到"WENSEN 亮"的上方。双击"WENSEN 暗"打开【图层样式】对话框,在【混合选项】选项卡中设置【填充不透明度】为 0%;选中并打开【斜面和浮雕】选项卡,设置【角度】为 -70 度,不选中【使用全局光】复选框,【高度】为 11 度,【高光模式】为滤色,【颜色】的色值为 R:196、G:93、B:18,【不透明度】为 89%,【阴影模式】为正常,【不透明度】为 0%,如图 B03-128 所示,此时效果如图 B03-129 所示。

04 在图层列表中选择"WENSEN 暗"和"WENSEN 亮"两个图层,按 Ctrl+G 快捷键编组,将图层组命名为"WENSEN"并将其【混合模式】调整为穿透,如图 B03-130 所示。

图 B03-129

图 B03-130

05 显示图层"金属面板",执行【图层】-【创建剪贴蒙版】菜单命令,将其【混合模式】调整为叠加,如图 B03-131 所示。这样金属字就制作完成了,效果如图 B03-132 所示。

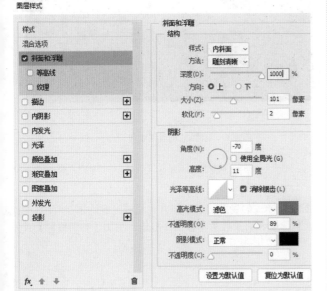

图 B03-128

图 B03-131

图 B03-132

B03.11　作业练习——制作霓虹灯字体

本作业原图和完成效果参考如图 B03-133 所示。

素材作者：Michael_Laut

(a) 原图

(b) 完成效果参考

图 B03-133

作业思路

　　设置文字图层"P"的【图层样式】，添加【描边】效果。根据图层样式创建图层，根据外描边选区删除图层"P"的部分内容。通过在【图层样式】对话框中调整渐变叠加和【混合模式】选项卡的参数制作彩色外描边，添加【高斯模糊】使发光效果更加柔和、自然。

主要技术

1.【创建图层】。

2.【图层样式】-【外描边】、【渐变叠加】。

3.【栅格化图层】。

4.【高斯模糊】。

B03.12　作业练习——制作亚克力透明板和文字

本作业原图和完成效果参考如图 B03-134 所示。

素材作者：Daria-Yakovleva

(a) 原图　　　　　　　　　　　　(b) 完成效果参考

图 B03-134

作业思路

使用【圆角矩形工具】绘制一个白色圆角矩形，调整填充颜色的数值，并对其【图层样式】进行调整，制作透明亚克力板的效果；再选择【多边形套索工具】绘制三角选区，填充白色降低不透明度达到反光的效果；拖入文字素材调整位置，对文字图层的【图层样式】进行调整。注意要制作反光效果的位置。

主要技术

1.【圆角矩形工具】。

2.【图层样式】。

3.【多边形套索工具】。

4. 创建【剪贴蒙版】。

 读书笔记

B04课

图像特效

PS训练场

图像特效案例

B04.1 实例练习——半调网格人像

本实例原图和完成效果参考如图 B04-1 所示。

素材作者：Pexels、AnnaliseArt、ChrisFiedler

(a) 原图

Dad, I love you

(b) 完成效果参考

图 B04-1

操作步骤

01 打开本课配套素材"黑白老人"，执行【图像】-【调整】-【阈值】菜单命令，将图片的【阈值色阶】调整为 63，如图 B04-2 所示，效果如图 B04-3 所示。

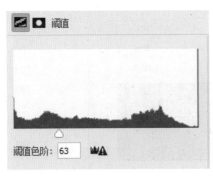

图 B04-2   图 B04-3

02 在图层列表中新建一个图层，将其拖曳到列表的最下方。设定背景色为白色，按 Ctrl+Delete 快捷键为图片填充白色并将其命名为"背景"，如图 B04-4 所示。

图 B04-4

03 新建一个图层并命名为"滤镜"，按 Ctrl+Delete 快捷键为图层填充白色，设置前景色为黑色。执行【滤镜】-【滤镜库】菜单命令，选择【素描】中的【半调图案】，设置【图案类型】为【直线】，【大小】为1，【对比度】为32，如图 B04-5 所示，此时效果如图 B04-6 所示。

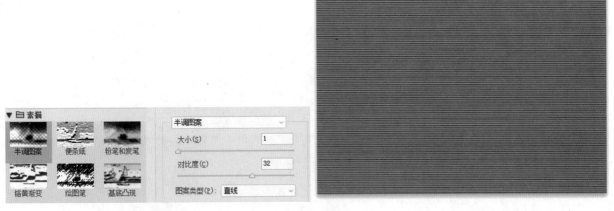

图 B04-5   图 B04-6

04 执行【滤镜】-【扭曲】-【波浪】菜单命令，调整【生成器数】为1，【波长】的最小值和最大值分别为190和191，【波幅】的最小值和最大值分别为 24 和 44，如图 B04-7 所示，此时效果如图 B04-8 所示。

05 在图层列表中，将图层"滤镜"的【混合模式】调整为【变亮】，如图 B04-9 所示。

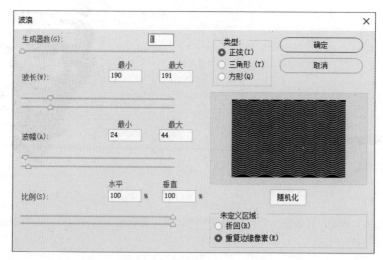

图 B04-7

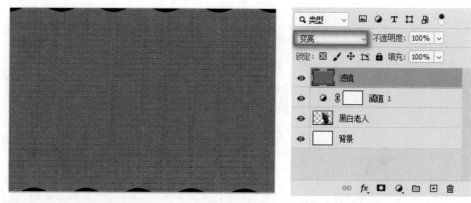

图 B04-8   图 B04-9

06 打开本课配套素材"花边素材"并将其移动到图层"滤镜"的下方，在图层列表中选择所有图层，按 Ctrl+G 快捷键编组并命名为"半调老人"，将其【混合模式】调整为正片叠底，如图 B04-10 所示。打开本课配套素材"羊皮纸纹理"，在图层列表中将其置底，如图 B04-11 所示。

图 B04-10

图 B04-11

07 打开本课配套素材"Dad, I love you"，在图层列表中将其置顶，半调网格风格的老人就制作完成了，完成效果如图 B04-12 所示。

图 B04-12

B04.2 实例练习——故障风效果

本实例原图与完成效果参考如图 B04-13 所示。

素材作者：Pixabay

(a) 原图　　　　　　　　(b) 完成效果参考

图 B04-13

操作步骤

01 打开本课配套素材"牛仔女孩"，按 Ctrl+J 快捷键复制图层"背景"，命名为"背景 拷贝"。在图层列表中双击图层"背景 拷贝"，打开【图层样式】对话框，在【混合选项】选项卡中取消【高级混合】面板中的 R 通道，如图 B04-14 所示。

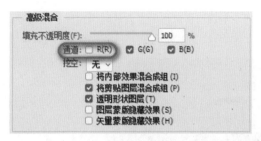

图 B04-14

02 将图层"背景 拷贝"向左上方轻轻拖曳，选择图层"背景 拷贝"按 Ctrl+J 快捷键复制图层，命名新图层为"背景 拷贝 2"；将"背景 拷贝 2"向左下方再次轻轻拖曳，效果如图 B04-15 所示。

图 B04-15

03 选择图层"背景 拷贝 2"与"背景 拷贝"，分别添加白色蒙版，如图 B04-16 所示。

图 B04-16

04 选择【画笔工具】，设置前景色为黑色，涂沫人物面部，效果如图 B04-17 所示。

图 B04-17

05 创建一个新的空白图层，使用【画笔工具】，设置前景色为蓝色，在人物左侧绘制轮廓；再设置前景色为红色，在人物右侧绘制轮廓，效果如图 B04-18 所示。

图 B04-18

06 将图层的【混合模式】调整为叠加，如图 B04-19 所示，这样故障风效果就制作完成了，效果如图 B04-20 所示。

图 B04-19

图 B04-20

B04.3　实例练习——放大镜效果

本实例完成效果参考如图 B04-21 所示。

图 B04-21

操作步骤

01 打开本课配套素材"红色单词"。选择【椭圆工具】○，调整【填充】为绿色，【描边】为黑色，【像素】为 5 像素，【格式】为实线，如图 B04-22 所示。

图 B04-22

02 使用【椭圆工具】，在选项栏中选择【形状】模式，在图层"背景"上方绘制一个圆，如图 B04-23 所示。

图 B04-23

03 选择图层"背景"，按 Ctrl+J 快捷键复制图层"背景拷贝"，如图 B04-24 所示。

04 执行【滤镜】-【扭曲】-【球面化】菜单命令，将【数量】调整为 100%，如图 B04-25 所示。

图 B04-24

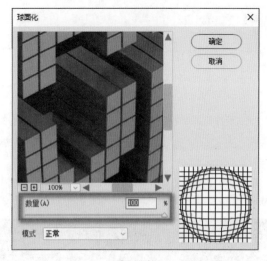

图 B04-25

05 为了更好地表现放大镜的效果，再次执行【滤镜】-【扭曲】-【球面化】菜单命令，将【数量】调整为 50%，如图 B04-26 所示。

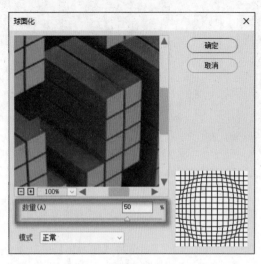

图 B04-26

06 调整图层顺序，将图层"背景 拷贝"拖曳到图层"椭圆 1"上方，如图 B04-27 所示。

图 B04-27

07 右击图层"背景 拷贝"，选择【创建剪贴蒙版】选项，如图 B04-28 所示。这样放大镜效果就制作完成了，如图 B04-29 所示。

图 B04-28

图 B04-29

B04.4　实例练习——制作星空轨迹

本实例完成效果参考如图 B04-30 所示。

素材作者：Cdd20

图 B04-30

操作步骤

01 打开本课配套素材"星空"，使用【快速选择工具】，选择地面和人物的部分，如图 B04-31 所示，按 Ctrl+J 快捷键复制一层。

图 B04-31

图 B04-34

02 选择图层"背景",按 Ctrl+J 快捷键复制图层,如图 B04-32 所示。

图 B04-32

图 B04-35

05 重复按 Ctrl+Shift+Alt+T 快捷键进行变换并复制,达到使星空旋转的效果,效果如图 B04-36 所示。

03 在图层"背景 拷贝"中按 Ctrl+T 快捷键,在选项栏最左侧选中【切换参考点】复选框,如图 B04-33 所示,移动参考点到画面中间稍微靠右上的位置,效果如图 B04-34 所示。

04 在选项栏中将【角度】△0.20 度 调整为 0.2 度,按 Enter 键确认操作。在图层列表中,将图层"背景 拷贝"的【混合模式】调整为变亮,如图 B04-35 所示。

图 B04-33

图 B04-36

06 选择刚才变换复制出的所有图层，按 Ctrl+G 快捷键编组，如图 B04-37 所示，再将图层组的【混合模式】调整为叠加。打开本课配套素材"星空之下"，将其放置在画面下方，星空轨迹效果就制作完成了，如图 B04-38 所示。

图 B04-37

图 B04-38

B04.5　实例练习——设计古典风格照片

本实例完成效果参考如图 B04-39 所示。

素材作者：Victoria_Borodinova

图 B04-39

操作步骤

01 打开本课配套素材"中国风"，选择图层"背景"，

右击选择【复制图层】选项，将新图层命名为"去色"，如图 B04-40 所示。

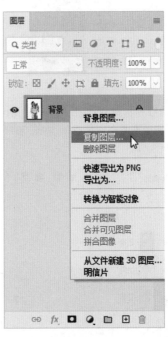

图 B04-40

02 选择图层"去色"，按 Ctrl+Shift+U 快捷键为图片去色，如图 B04-41 所示，此时效果如图 B04-42 所示。

图 B04-41

图 B04-44

04 在图层列表中，将图层"反相"的【混合模式】调整为颜色减淡，执行【滤镜】-【其他】-【最小值】菜单命令，将图片转换为类似线稿的效果，如图 B04-45 所示。

图 B04-42

03 按 Ctrl+J 快捷键复制图层，再按 Ctrl+I 快捷键将图片反相，将新图层命名为"反相"，如图 B04-43 所示，此时效果如图 B04-44 所示。

图 B04-45

图 B04-43

05 按住 Ctrl 键，在图层列表中选择图层"去色"和"反相"，按 Ctrl+E 快捷键将两个图层转换为智能对象并命名为"合并"，使用【曲线】命令增强线稿对比，如图 B04-46 所示。

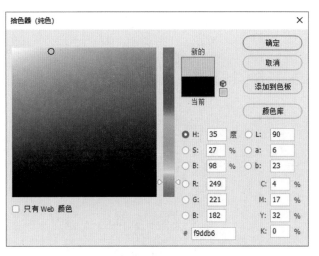

图 B04-48

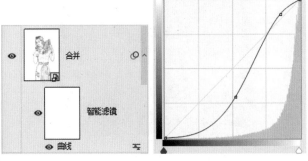

图 B04-46

08 执行【滤镜】-【滤镜库】菜单命令，选择【纹理】-【纹理化】，将【缩放】调整为100%，将【凸现】调整为2，如图 B04-49 所示。

06 在图层列表中，将图层"合并"的【不透明度】调整为70%，此时效果如图 B04-47 所示。

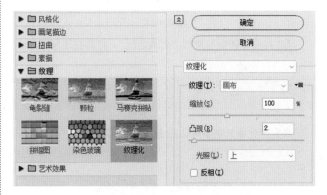

图 B04-49

09 在图层列表中，设置图层"滤镜"的【混合模式】为正片叠底，如图 B04-50 所示，效果如图 B04-51 所示。

图 B04-47

07 单击图层列表下方的【创建新的填充或调整图层】按钮，选择【纯色】选项，色值为 R：249、G：221、B：182，如图 B04-48 所示，将新图层命名为"滤镜"。

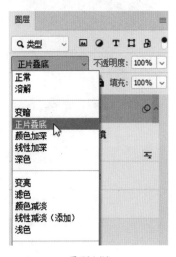

图 B04-50

图 B04-51

10 打开本课配套素材"古典边框",将其在图层列表中

置顶,这样古典风格的照片就制作完成了,效果如图 B04-52 所示。

图 B04-52

B04.6 实例练习——制作螺旋变形图案

本实例完成效果参考如图 B04-53 所示。

素材作者:GDJ

图 B04-53

操作步骤

01 新建一个文档,设定尺寸为 1500 像素 ×2000 像素,【背景内容】为白色。打开本课配套素材"彩虹爱心",在图层列表中右击选择【栅格化图层】选项,如图 B04-54 所示。按 Ctrl+T 快捷键进行自由变换,调整爱心的大小和位置,如图 B04-55 所示。

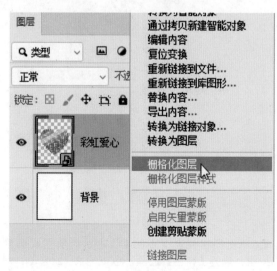

图 B04-54

图 B04-55

02 按 Ctrl+J 快捷键复制图层"彩虹爱心",将新图层命名为"彩虹爱心 拷贝"。选择图层"彩虹爱心 拷贝",按 Ctrl+T 快捷键进行自由变换,在选项栏中选中单击【切换参考点】复选框▣打开参考点的显示,如图 B04-56 所示。

图 B04-56

03 将参考点拖曳到画布右侧,如图 B04-57 所示。

图 B04-57

04 在选项栏中调整适当的【缩放】和【旋转角度】后按 Enter 键提交操作,如图 B04-58 所示。

图 B04-58

05 重复多次按 Ctrl+Shift+Alt+T 快捷键变换并复制,Photoshop 根据之前的自由变换设置进行快速复制,这样螺旋变形效果就制作完成了,如图 B04-59 所示。

图 B04-59

B04.7　实例练习——乌云闪电效果

本实例原图与完成效果参考如图 B04-60 所示。

(a) 原图

素材作者：dexmac

(b) 完成效果参考

图 B04-60

操作步骤

01 新建一个文档，设定尺寸为 900 像素 ×900 像素，【分辨率】为 72 像素 / 英寸，【背景内容】为黑色，如图 B04-61 所示。

图 B04-61

02 按 Ctrl+J 快捷键复制一层，命名为"闪电"。在图层列表中选择图层"闪电"，执行【滤镜】-【渲染】-【云彩】菜单命令，然后执行【滤镜】-【渲染】-【分层云彩】菜单

命令，按 Ctrl+I 快捷键反选，效果如图 B04-62 所示。

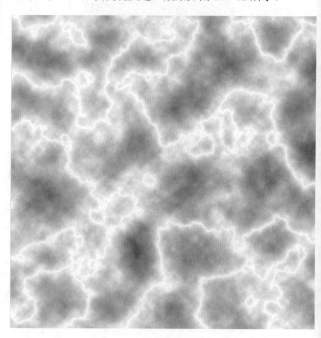

图 B04-62

03 在图层"闪电"中使用【矩形选框工具】，框选需要的部分，按 Ctrl+J 快捷键复制一层，命名为"闪电 1"。在图层列表中选择图层"闪电 1"，执行【图像】-【调整】-【色阶】菜单命令，参数设置如图 B04-63 所示，此时效果如图 B04-64 所示。

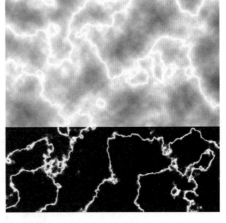

图 B04-63

图 B04-64

04 打开本课配套素材"乌云",将图层"闪电 1"的选区拖曳至文档"乌云"中,按 Ctrl+T 快捷键进行自由变换,调整大小及位置,将新图层命名为"乌云闪电",调整图层"乌云闪电"的【混合模式】为滤色,效果如图 B04-65 所示。

05 在图层列表中选择图层"乌云闪电",按住 Ctrl 键单击图层列表下方的【添加图层蒙版】按钮,使用【画笔工具】✐,设置前景色为黑色,将多余的闪电线条涂抹掉,如图 B04-66 所示。

图 B04-65

图 B04-66

06 单击图层列表下方的【创建新的填充或调整图层】按钮,选择【色彩平衡】选项,将新图层命名为"效果",在【调整】面板中调整中间调,设置【青色 - 红色】为 -84、【洋红 - 绿色】为 -20、【黄色 - 蓝色】为 +20,在图层列表中右击图层"效果",选择【创建剪贴蒙版】选项,这样乌云闪电效果就制作完成了,如图 B04-67 所示。

图 B04-67

B04.8　综合案例——生日礼物效果

本综合案例完成效果参考如图 B04-68 所示。

素材作者：Viscious-Speed、nasilzang、No-longer-here

图 B04-68

操作步骤

01 打开本课配套素材"立体盒子"和"包装"。在"包装"文档中按 Ctrl+A 快捷键全选，再按 Ctrl+C 快捷键复制，如图 B04-69 所示。

图 B04-69

02 打开"立体盒子"文档，执行【滤镜】-【消失点】菜单命令。在【消失点】窗口的左侧工具列表中，使用【创建平面工具】 将盒子的四个点选中，创建平面网格，如图 B04-70 所示。

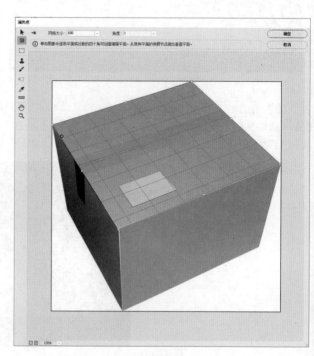

图 B04-70

03 按住 Ctrl 键拖曳网格的控点，将每个立面拉出来并调整位置，如图 B04-71 和图 B04-72 所示。

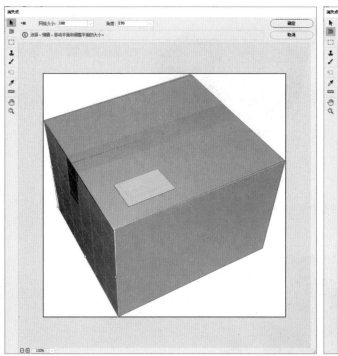

图 B04-71

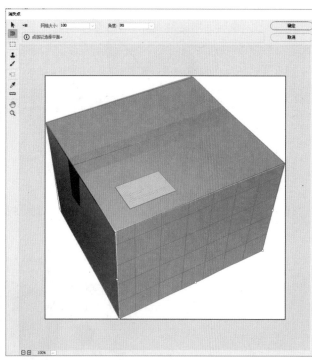

图 B04-72

04 按 Ctrl+V 快捷键将"包装"图片粘贴进来，如图 B04-73 所示。

05 在网格中拖曳鼠标调整位置，单击【确定】按钮提交操作，如图 B04-74 所示。

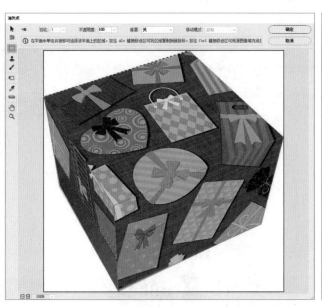

图 B04-73

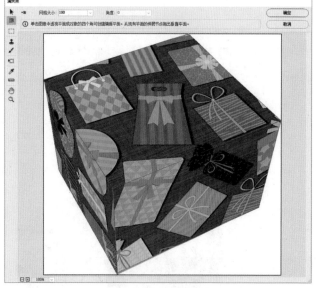

图 B04-74

06 使用【多边形套索工具】 选中盒子的顶部，单击图层列表下方的【创建新的填充或调整图层】 按钮，使用【曲线】命令调整曲线，使盒子顶部为亮面，如图 B04-75 所示，此时效果如图 B04-76 所示。

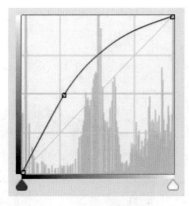

图 B04-75

图 B04-76

07 打开本课配套素材"happy birthday",将其在图层列表中置底,生日礼物效果就制作完成了,如图 B04-77 所示。

图 B04-77

B04.9 综合案例——照片蒙版特效

本综合案例原图和完成效果参考如图 B04-78 所示。

素材作者:SplitShire、Blumary

(a) 原图

(b) 完成效果参考

图 B04-78

操作步骤

01 打开本课配套素材"拿相机的女孩"，按 Ctrl+Shift+N 快捷键新建一个图层并命名为"背景"，将前景色调整为白色，按 Alt+Delete 快捷键填充白色，在图层列表中将其置底，如图 B04-79 所示。

图 B04-79

02 使用【画笔工具】 ，按 Q 键或者单击工具栏下方的【以快速蒙版模式编辑】 按钮进入快速编辑模式，在选项栏中调整画笔为【柔边圆】+63，【大小】为 150 像素，【不透明度】为 50%，【流量】为 40%，如图 B04-80 所示。

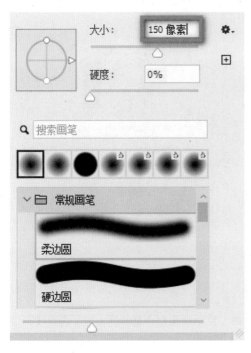

图 B04-80

03 在照片中简单地涂抹，将人物主体大概涂抹出来，如图 B04-81 所示。

04 调整画笔【大小】为 80 像素，【不透明度】为 80%，在画布中涂抹人物细节，如图 B04-82 所示。

图 B04-81

图 B04-82

05 执行【滤镜】-【滤镜库】菜单命令，在【滤镜库】对话框中选择【艺术效果】-【调色刀】滤镜，调整【描边大小】为 40，【描边细节】为 1，【软化度】为 0，如图 B04-83 所示，此时效果如图 B04-84 所示。

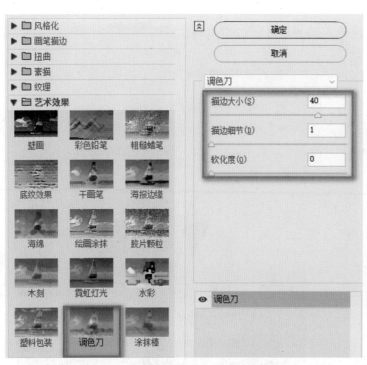

图 B04-83

图 B04-84

06 单击【确认】按钮提交操作，按 Q 键或者在工具栏下方单击【以标准模式编辑】按钮回到标准模式，如图 B04-85 所示。

07 按住 Alt 键单击图层列表下方的【添加图层蒙版】□ 按钮，创建蒙版，如图 B04-86 所示。

图 B04-85

图 B04-86

08 观察发现图像颜色较浅，在图层列表中选择图层 "拿相机的女孩"，按 Ctrl+J 快捷键复制一层即可将颜色加深，效果如图 B04-87 所示。

09 打开本课配套素材 "水彩画" 和 "MOMENT"，将图层 "水彩画" 移动至图层 "背景" 上方，调整【不透明度】为 75%，【填充】为 50%；将图层 "MOMENT" 在图层列表中置顶，调整【混合模式】为正片叠底，按 Ctrl+T 快捷键进行自由变换，调整其位置后照片蒙版特效就制作完成了，如图 B04-88 所示。

图 B04-87

图 B04-88

B04.10　综合案例——为布料添加花纹

本综合案例完成效果参考如图 B04-89 所示。

素材作者：LUCASGREY、Engin Akyurt

图 B04-89

操作步骤

01 打开本课配套素材"布料"，按 Ctrl+J 快捷键复制图层并命名为"1"，执行【图像】-【调整】-【去色】菜单命令，效果如图 B04-90 所示；执行【文件】-【储存为】菜单命令，选择【格式】为 PSD，命名为"布料打底"并储存到指定位置。

图 B04-90

02 打开本课另一配套素材"花纹"，将"花纹"拖曳至"布料"所在的文档，如图 B04-91 所示，将新图层命名为"2"。

图 B04-91

03 在图层列表中选择图层"2"，按 Ctrl+T 快捷键进行自由变换，调整其大小直到和图层"1"的大小一致，执行【滤镜】-【扭曲】-【置换】菜单命令，调整【水平比例】和【垂直比例】均为 15，如图 B04-92 所示。选择置换的文件为步骤 01 所制作的"布料打底"，在图层列表中调整【混合模式】为叠加，效果如图 B04-93 所示。

置换		×
水平比例(H)	15	确定
垂直比例(V)	15	取消

置换图：
◉ 伸展以适合(S)
○ 拼贴(T)

未定义区域：
○ 折回(W)
◉ 重复边缘像素(R)

图 B04-92

图 B04-93

04 为了营造特写的效果，执行【滤镜】-【模糊画廊】-【场景模糊】菜单命令，在【模糊工具】面板中选中并打开【场景模糊】选项卡，调整【模糊】为 5 像素；选中并打开【倾斜偏移】选项卡，调整【模糊】为 15 像素，【扭曲度】为 0%，如图 B04-94 所示。倾斜的位置如图 B04-95 所示，单击【确定】按钮提交操作。

图 B04-94

05 将图层"1"隐藏，选择图层"2"使用Ctrl+Shift+U快捷键去色后将【混合模式】调整为【柔光】，再使用【模糊工具】将细节部分进行模糊优化后即可完成，完成效果如图 B04-96 所示。

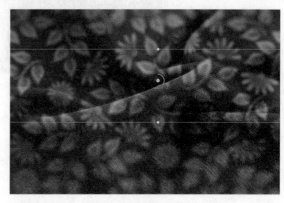

图 B04-95

图 B04-96

B04.11 综合案例——球形天空效果

本综合案例原图与完成效果参考如图 B04-97 所示。

素材作者：brenoanp

（a）原图

愿每个梦醒时分，一切成真

（b）完成效果参考

图 B04-97

操作步骤

01 打开本课配套素材"黄昏天空"，执行【选择】-【主体】菜单命令，再执行【图层】-【新建】-【通过拷贝的图层】菜单命令，将新图层命名为"图层 1"，如图 B04-98 所示。

图 B04-98

02 在图层列表中按住 Ctrl 键单击图层"图层 1"的缩览图生成选区，并将图层"图层 1"隐藏，如图 B04-99 所示。

图 B04-99

03 执行【选择】-【修改】-【扩展】菜单命令，调整【扩展量】为 8 像素，如图 B04-100 所示，此时效果如图 B04-101 所示。

图 B04-100

图 B04-101

04 在图层列表中选择图层"背景",执行【编辑】-【内容识别填充】菜单命令,如图 B04-102 所示,单击【确定】按钮提交操作,人物被智能地抹除,效果如图 B04-103 所示。

05 将生成的修饰图层"背景 拷贝"与"背景"同时选中,执行【图层】-【合并图层】菜单命令,或者按 Ctrl+E 快捷键合并选中的图层,将新图层命名为"背景",如图 B04-104 所示。

图 B04-102

图 B04-103

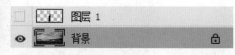

图 B04-104

06 执行【滤镜】-【扭曲】-【极坐标】菜单命令,选中【平面坐标到极坐标】单选按钮,如图 B04-105 所示。单击【确定】按钮提交操作,此时效果如图 B04-106 所示。

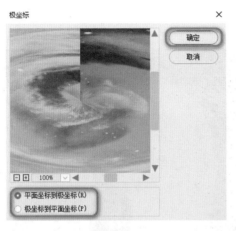

图 B04-105

图 B04-109

09 执行【编辑】-【自由变换】菜单命令，或者按 Ctrl+T 快捷键，再按住 Shift 键拖曳图像上下边缘，使其变成正方形，效果如图 B04-110 所示。

图 B04-106

07 在图层列表中单击图层"背景"的锁定图标，将图层解锁，得到"图层 0"，如图 B04-107 所示。

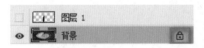

图 B04-107

08 执行【图像】-【画布大小】菜单命令，调整【高度】为 1200，如图 B04-108 所示，此时效果如图 B04-109 所示。

图 B04-108

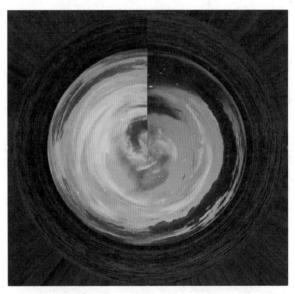

图 B04-110

10 在图层列表中选择"图层 0"，按 Ctrl+J 快捷键复制图层，将新图层命名为"图层 0 拷贝"，选择图层"图层 0 拷贝"按住 Alt 键单击【添加图层蒙版】按钮，添加黑色蒙版，如图 B04-111 所示。

11 选择图层"图层 0 拷贝"的缩览图，按 Ctrl+T 快捷键进行自由变换，将图片顺时针旋转 90°，如图 B04-112 所示。

图 B04-111　　　　图 B04-112

12 在图层列表中选择图层"图层 0 拷贝"的缩览图，使用【画笔工具】 ，设定前景色为白色，调整【大小】为 139 像素，【硬度】为 0%，【不透明度】为 50%，【流量】为 24%，如图 B04-113 所示。使用【画笔工具】涂抹衔接部位，使其呈现过渡效果，如图 B04-114 所示。

图 B04-113

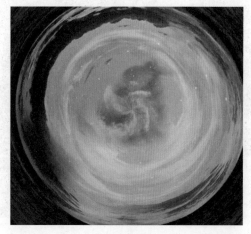

图 B04-114

13 显示"图层 1"并调整人物大小，效果如图 B04-115 所示。

图 B04-115

14 打开本课配套素材"愿每个梦醒时分，一切成真"，将其在图层列表中置顶后按 Ctrl+T 快捷键进行自由变换，调整位置后即可完成球形天空效果，如图 B04-116 所示。

图 B04-116

B04.12　综合案例——为湖面添加涟漪效果

本综合案例原图和完成效果参考如图 B04-117 所示。

素材作者：mechain990

(a) 原图

(b) 完成效果参考

图 B04-117

操作步骤

01 打开本课配套素材"平静的湖面"，在图层列表中新建一个图层并命名为"图层1"，如图 B04-118 所示。

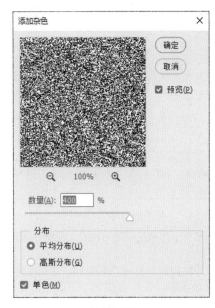

图 B04-118

02 选择"图层1"，设定背景色为白色，按 Ctrl+Delete 快捷键为图层填充白色。执行【滤镜】-【杂色】-【添加杂色】菜单命令，将【数量】调整为400%，选中【单色】复选框，如图 B04-119 所示。

图 B04-119

03 执行【滤镜】-【模糊】-【高斯模糊】菜单命令，将【半径】调整为2像素，如图 B04-120 所示。

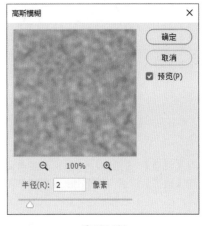

图 B04-120

04 在【通道】中选择红通道，执行【滤镜】-【风格化】-【浮雕效果】菜单命令，设置【角度】为180度，【高度】为1像素，【数量】为50%，如图 B04-121 所示。

05 在【通道】中选择绿通道，执行【滤镜】-【风格化】-【浮雕效果】菜单命令，设置【角度】为50度，【高度】为1像素，【数量】为50%，如图 B04-122 所示。

06 在【通道】中选择 RGB 通道，按 Ctrl+- 快捷键，将文档视图适当缩小，按 Ctrl+T 快捷键进行自由变换，在图片上右击选择【透视】选项，如图 B04-123 所示。

 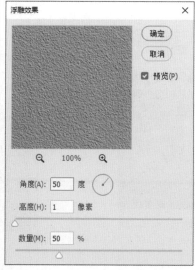 

图 B04-121　　　　　　　　　　图 B04-122　　　　　　　　　　图 B04-123

07 拖曳右下角和左下角的控点，使图片透视变形，下方边缘变宽，按 Enter 键提交操作，如图 B04-124 所示，保存当前 PSD 文件。

08 在图层列表中关闭"图层 1"，复制图层"背景"并命名为"背景 拷贝"。使用【矩形选框工具】□框选湖面，效果如图 B04-125 所示。

图 B04-124　　　　　　　　　　　　　　　　　　　　　图 B04-125

09 执行【滤镜】-【扭曲】-【置换】菜单命令，将【垂直比例】调整为 300，如图 B04-126 所示。

10 单击【确定】按钮，选择刚刚保存的 PSD 文件就可以载入水波的纹理，制作出水面波纹的效果，如图 B04-127 所示。

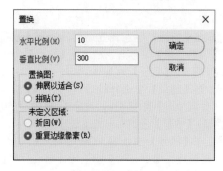

图 B04-126　　　　　　　　　　　　　　　图 B04-127

11 选择图层"背景 拷贝"，单击【添加图层蒙版】按钮创建图层蒙版，单击蒙版的缩略图，激活蒙版编辑状态。使用【渐变工具】 ■，选择黑白过渡渐变，如图 B04-128 所示。在湖面边缘画出渐变线，制作近点与远点涟漪效果的过渡，如图 B04-129 所示。

12 这样湖面的涟漪效果就制作完成了，如图 B04-130 所示。

图 B04-128

图 B04-129

图 B04-130

B04.13　综合案例——马赛克拼贴效果

本综合案例完成效果参考如图 B04-131 所示。

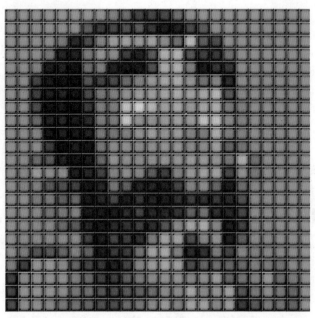

素材作者：andremsantana

图 B04-131

操作步骤

01 新建文档，设定尺寸为57像素×57像素，【分辨率】为72像素/英寸，【背景内容】为白色，如图B04-132所示。按 Ctrl+J 快捷键复制背景图层，将新图层命名为"1"，按 Shift+F5 快捷键填充，选择【内容】为【50%灰色】，如图B04-133所示。

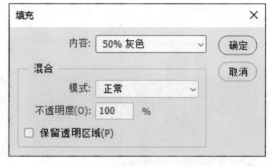

图 B04-132   图 B04-133

02 双击图层"1"打开图层样式，选中并打开【斜面和浮雕】选项卡，调整【样式】为内斜面，【方法】为平滑，【深度】为100%,【方向】为上,【大小】为4像素,【软化】为0像素,【角度】为120度,【高度】为30度,【高光模式】为滤色,【颜色】为白色,【不透明度】为100%,【阴影模式】为叠加,【颜色】为黑色,【不透明度】为75%,如图B04-134所示；选中并打开【内阴影】选项卡，调整【混合模式】为叠加,【颜色】为黑色,【不透明度】为47%,【角度】为120度,【距离】为0像素,【阻塞】为0%,【大小】为19像素,【杂色】为11%,如图B04-135所示，效果如图B04-136所示。

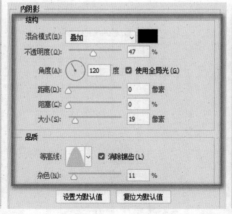

图 B04-134   图 B04-135   图 B04-136

03 使用【椭圆工具】的【形状】模式，在图层"1"的图案四个角各绘制一个正圆，分别命名为"圆1"~"圆4"，双击图层"圆1"打开【图层样式】，选中并打开【投影】选项卡，调整【混合模式】为正常，【不透明度】为38%,【角度】为120度,【距离】为2像素,【大小】为0%,【扩展】为0像素，如图B04-137所示。将此参数同时应用于图层"圆2"~"圆4"中，效果如图B04-138所示。

04 执行【编辑】-【定义图案】菜单命令，将图案命名为"砖"，如图B04-139所示。

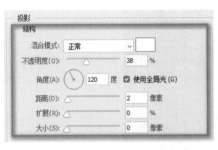

图 B04-137

图 B04-138

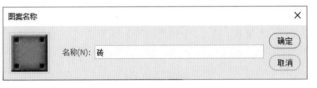

图 B04-139

05 打开本课配套素材"卡通男",按 Ctrl+J 快捷键复制图层,命名为"男1",如图 B04-140 所示。

图 B04-140

06 选择图层"男1",执行【滤镜】-【像素化】-【马赛克】菜单命令,调整【单元格大小】为 57,如图 B04-141

所示,效果如图 B04-142 所示。

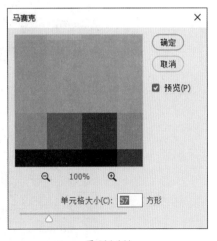

图 B04-141

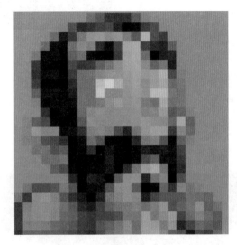

图 B04-142

07 新建图层,将新图层命名为"砖",按 Shift+F5 快捷键填充,选择【内容】为图案,【自定图案】为步骤 04 制作的"砖",如图 B04-143 所示;在图层列表中选择图层"砖",将【混合模式】调整为【线性光】,完成效果如图 B04-144 所示。

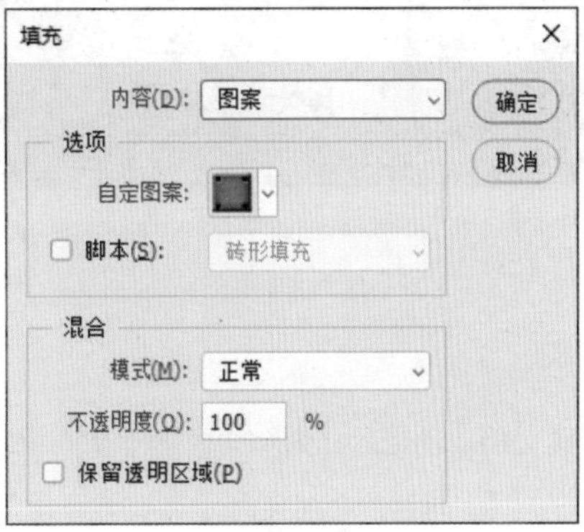

图 B04-143

图 B04-144

B04.14 综合案例——爆裂足球效果

本综合案例完成效果参考如图 B04-145 所示。

素材作者：bottomlayercz0

图 B04-145

操作步骤

01 新建文档，设定尺寸为 900 像素 ×900 像素，【分辨率】为 72 像素 / 英寸，【背景内容】为黑色，如图 B04-146 所示。

图 B04-146

02 打开本课配套素材"踢球的小男孩"，使用【套索工具】将足球部分圈出，如图 B04-147 所示，再将圈出部分拖曳到步骤【1】新建的文档中并居中，使用 Ctrl+E 快捷键将足球图层和背景图层合并，将新图层命名为"球"。

图 B04-147

03 选择图层"球"，执行【滤镜】-【扭曲】-【极坐标】菜单命令，选中【极坐标到平面坐标】单选按钮，如图 B04-148 所示；按 Ctrl+T 快捷键进行自由变换，右击选择【顺时针旋转 90 度】选项；执行【滤镜】-【风格化】-【风】菜单命令，调整【方法】为风，【方向】为从右，如图 B04-149 所示，执行两次；按 Ctrl+T 快捷键进行自由变换，右击选择【逆时针旋转 90 度】选项；执行【滤镜】-【扭曲】-【极坐标】菜单命令，选中【平面坐标到极坐标】。

图 B04-148

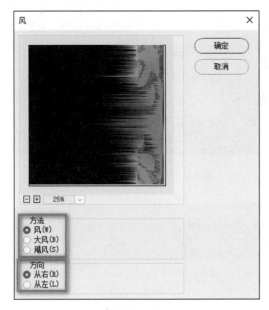

图 B04-149

04 选择图层"球"，按 Ctrl+Shift+U 快捷键去色，再按 Ctrl+B 快捷键打开【色彩平衡】对话框，调整【阴影】的参数如图 B04-150 所示，调整【中间调】的参数如图 B04-151 所示，调整【高光】的参数如图 B04-152 所示，效果如图 B04-153 所示。

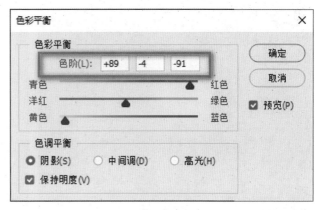

图 B04-150

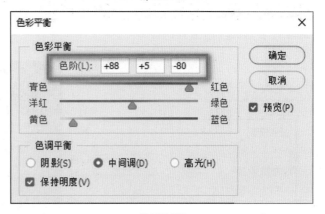

图 B04-151

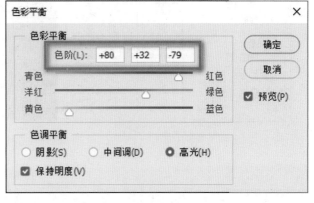

图 B04-152

05 将处理好的图层"球"拖曳回源文档中，如图 B04-154 所示，调整图层"球"的【混合模式】为【线性减淡（添加）】，选择图层"踢球的小男孩"，转换为智能对象图层，执行【滤镜】-【模糊】-【径向模糊】菜单命令，调整【数量】为 55，【模糊方法】为缩放，【品质】为好，如图 B04-155 所示。

06 将智能滤镜的【混合选项】▼中的【不透明度】改为 50%，这样爆裂足球效果就制作完成了，如图 B04-156 所示。

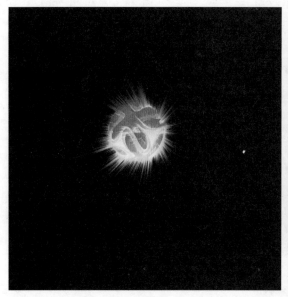

图 B04-153

图 B04-154

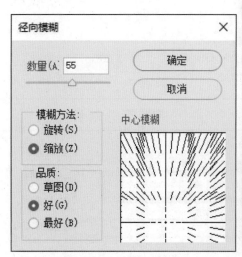

图 B04-155

图 B04-156

B04.15　综合案例——镂空花纹的婚纱照

本综合案例完成效果参考如图 B04-157 所示。

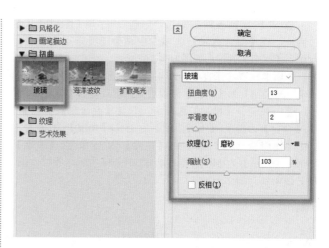

图 B04-159

素材作者：sfetfedyhghj

图 B04-157

操作步骤

01 打开本课配套素材"婚纱女孩"，按 Ctrl+J 快捷键复制图层，将新图层命名为"图层 1"，如图 B04-158 所示。

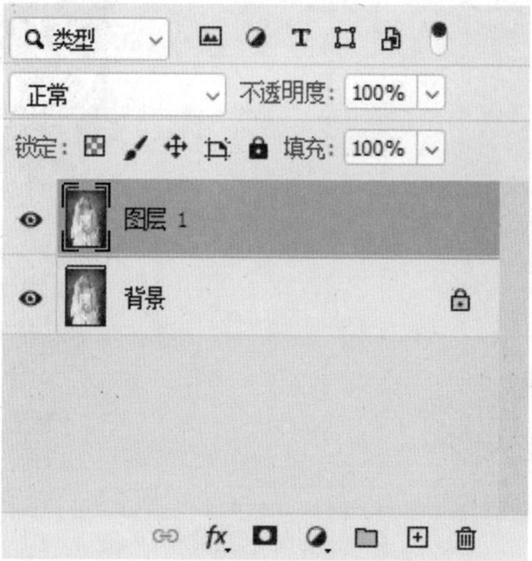

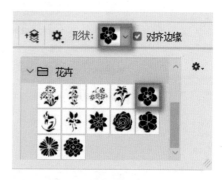

03 在左侧工具栏中选择【自定形状工具】✐，如图 B04-160 所示，在选项栏中选择【形状】-【花卉】-【形状 44】，在图像中按住 Shift 键拖曳鼠标绘制花卉形状，按 Ctrl+T 快捷键进行自由变换，调整大小，如图 B04-161 所示。

图 B04-158

图 B04-160

02 选择"图层 1"，执行【滤镜】-【滤镜库】菜单命令，在【滤镜库】选项卡中选择【扭曲】-【玻璃】滤镜，调整【扭曲度】为 13，【平滑度】为 2，【纹理】为磨砂，【缩放】为 103%，如图 B04-159 所示。

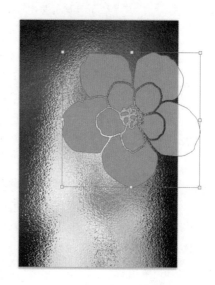

图 B04-161

04 在图层列表双击图层"形状",打开【图层样式】对话框,在【混合选项】选项卡中调整【填充不透明度】为0%,【挖空】为深,如图B04-162所示。选中并打开【描边】选项卡,调整【大小】为4像素,【位置】为内部,选择【填充类型】为【颜色】并设置为白色,如图B04-163所示。选中并打开【投影】选项卡,设置【混合模式】为正常,【颜色】为黑色,【不透明度】为35%,【角度】为30度,选中【使用全局光】复选框,【距离】为75像素,【扩展】为0%,【大小】为246像素,如图B04-164所示,此时效果如图B04-165所示。

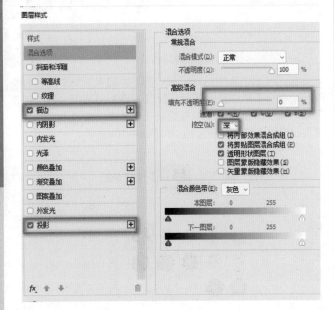

图 B04-162

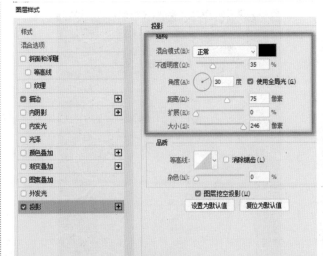

图 B04-164

图 B04-165

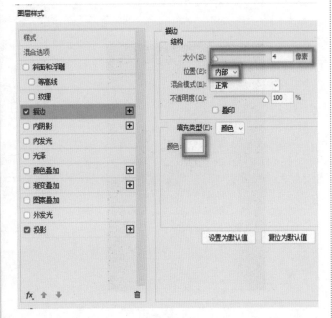

图 B04-163

05 在左侧工具栏中选择【移动工具】,按住 Alt 键拖曳花卉即可快速复制,复制后按 Ctrl+T 快捷键进行自由变换,调整花卉的大小、旋转和位置参数,重复此步骤即可制作精美的效果,如图 B04-166 所示。

图 B04-166

B04.16　综合案例——火焰人效果

本综合案例完成效果参考如图 B04-167 所示。

素材作者：Pavel-Jurca

图 B04-167

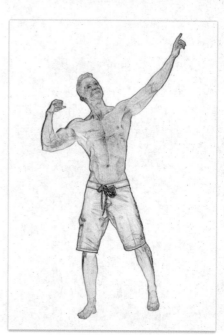

图 B04-168

操作步骤

01 打开本课配套素材"健身达人"，执行【滤镜】-【风格化】-【查找边缘】菜单命令，效果如图 B04-168 所示。

02 执行【图像】-【模式】-【灰度】菜单命令，若提示信息"是否要扔掉颜色信息"则单击【扔掉】按钮即可，效果如图 B04-169 所示。

图 B04-169

03 执行【图像】-【调整】-【反相】菜单命令，画面效果如图 B04-170 所示。

图 B04-170

04 执行【图像】-【图像旋转】-【逆时针旋转 90 度】菜单命令，然后执行【图像】-【模式】-【索引颜色】命令，画面效果如图 B04-171 所示。

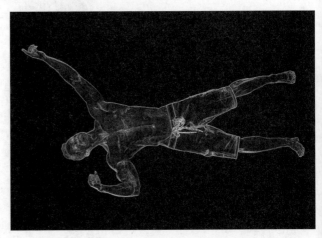

图 B04-171

05 执行【图像】-【模式】-【颜色表】菜单命令，在弹出的对话框中将【颜色表】调整为黑体，如图 B04-172 所示。执行【图像】-【模式】-【RGB 颜色】菜单命令，将色彩模式改回 RGB 模式，效果如图 B04-173 所示。

06 下面为人物添加燃烧的效果，执行【滤镜】-【风格化】-【风】命令，在弹出的对话框中，调整【方法】为风，【方向】为从右，单击【确定】按钮。执行【滤镜】-【扭曲】-【波纹】命令，在弹出的对话框中，调整【大小】为中，此时效果如图 B04-174 所示。

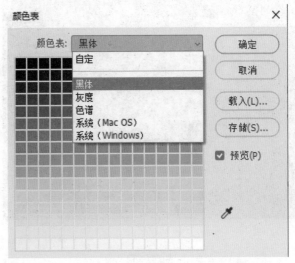

图 B04-172

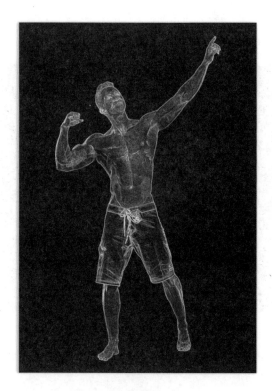

图 B04-173

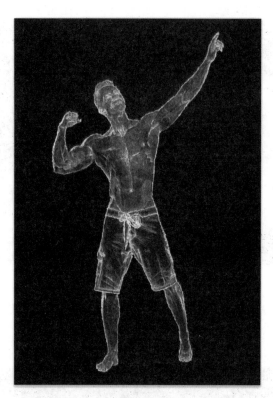

图 B04-175

08 打开本课配套素材"喷火地表",单击图层列表下方的【创建新的填充或调整图层】 按钮,选择【渐变映射】选项,调整【渐变条】,如图 B04-176 所示,此时图像效果如图 B04-177 所示。

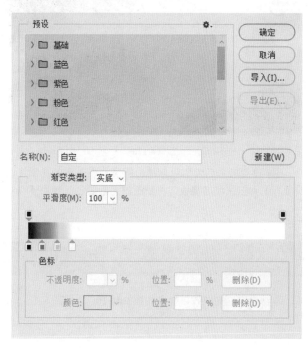

图 B04-176

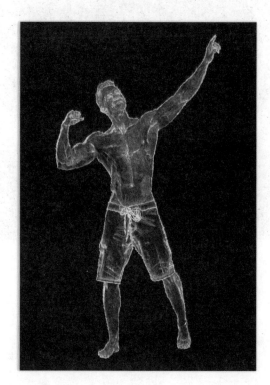

图 B04-174

07 下面将图片旋转回来,执行【图像】-【图像旋转】-【顺时针旋转 90 度】菜单命令,如图 B04-175 所示。

图 B04-177

09 将"火焰人"置入"喷火地表"文档中，将其混合模式调整为【滤色】，按 Ctrl+T 快捷键进行自由变换，右击选择【水平翻转】选项并调整位置，如图 B04-178 所示。

图 B04-178

10 设置前景色为黑色，单击图层列表下方的【添加图层蒙版】按钮添加蒙版，将蒙版填充为黑色。使用【画笔

工具】，在选项栏中调整合适的大小、不透明度和流量，在火焰人脚边涂抹，效果如图 B04-179 所示。

图 B04-179

11 打开本课配套素材"文字火焰人"，将其移动到适当的位置，火焰人效果就制作完成了，如图 B04-180 所示。

图 B04-180

B04.17　综合案例——制作撕毁的照片

本综合案例完成效果参考如图 B04-181 所示。

素材作者：4273220、Sally-Kay

图 B04-181

操作步骤

01 新建一个文档，设定尺寸为 1920 像素 ×1080 像素，【分辨率】为 72 像素 / 英寸，【背景内容】为深灰色（色值为 R：88、G：88、B：88），如图 B04-182 所示。

图 B04-182

02 将本课配套素材"情侣背影"拖曳进画布，将图层命名为"照片"，如图 B04-183 所示。

图 B04-183

03 按 Ctrl+T 快捷键进行自由变换，在图片中右击选择【变形】选项，将图片变形，如图 B04-184 所示。

图 B04-184

04 使用【套索工具】 ⊘ 将照片右半部分不规则地选中，如图 B04-185 所示。

图 B04-185

05 生成选区后按 Q 键，或者在左侧工具栏中单击【以快速蒙版模式编辑】 ▣ 按钮，如图 B04-186 所示。

图 B04-186

06 执行【滤镜】-【滤镜库】菜单命令，在【滤镜库】

对话框中选择【画笔描边】-【喷溅】滤镜，调整【喷色半径】为 23，【平滑度】为 12，如图 B04-187 所示，此时效果如图 B04-188 所示。

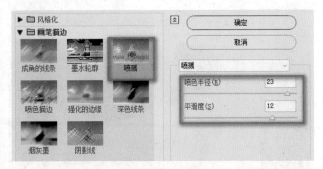

图 B04-187

图 B04-188

07 单击【确定】按钮后，选区的边缘将呈现不规则的撕裂感。按 Q 键或者在左侧工具栏中单击【以标准模式编辑】回按钮，再执行【图层】-【新建】-【通过剪切的图层】菜单命令，此时原图层"照片"就分成两个新图层，分别命名为"男""女"，如图 B04-189 所示。

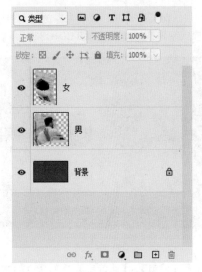

图 B04-189

08 选择图层"女"并按 Ctrl+T 快捷键进行自由变换，将其移动到合适的位置，如图 B04-190 所示。

图 B04-190

09 在图层列表中双击图层"女"打开【图层样式】对话框，选中并打开【投影】选项卡，调整【混合模式】为【正常】，【不透明度】为 59%，【角度】为 59 度，选中【使用全局光】复选框，【距离】为 29 像素，【扩展】为 10%，【大小】为 70 像素，如图 B04-191 所示。

投影		
结构		
混合模式：	正常	⬛
不透明度(O)：	59	%
角度(A)：	59 度 ☑ 使用全局光(G)	
距离(D)：	29	像素
扩展(R)：	10	%
大小(S)：	70	像素
品质		
等高线：	☐ 消除锯齿(L)	
杂色(N)：	0	%
☑ 图层挖空投影(U)		
设置为默认值　　复位为默认值		

图 B04-191

10 单击【投影】后面的加号田按钮新增一个【投影】选项卡，设置新增投影的【颜色】为白色，【不透明度】为 100%，【角度】为 -18 度，不选中【使用全局光】复选项，【距离】为 4 像素，【扩展】为 0%，【大小】为 0 像素，如图 B04-192 所示。这样就为撕开的照片边缘加上了厚度，如图 B04-193 所示。

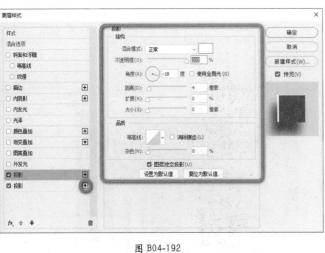

图 B04-192

图 B04-193

11 单击【确认】按钮提交操作。在图层列表中按住 Alt 键拖曳图层"女"的图层样式到图层"男"上，复制其图层样式，如图 B04-194 所示，效果如图 B04-195 所示。

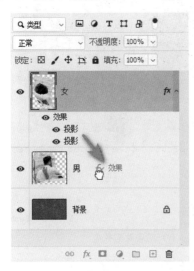

图 B04-194

图 B04-195

12 打开本课配套素材"心碎"，按 Ctrl+T 快捷键进行自由变换，调整位置，这样撕毁的照片效果就制作完成了，如图 B04-196 所示。

图 B04-196

B04.18　作业练习——走出拍立得效果

本作业原图和完成效果参考如图 B04-197 所示。

素材作者：Sarahvch

(a) 原图　　　　　　　　　　　　(b) 完成效果参考

图 B04-197

作业思路

先复制背景，将人物抠出并删除，再使用【滤镜】与【画笔】修改街道背景，在原图层中再次抠出人物，放置人物到修改好的街道背景里。注意抠图方法与抠出人物图层在列表中的位置。

主要技术

1. 主体抠图。
2. 【内容识别填充】。
3. 【滤镜】。
4. 【画笔工具】。
5. 【选框工具】：选择并遮住抠图。

B04.19　作业练习——擦去玻璃上水珠效果

本作业原图和完成效果参考如图 B04-198 所示。

素材作者：StockSnap、ChristopherPluta

(a) 原图

(b) 完成效果参考

图 B04-198

作业思路

复制背景，添加【高斯模糊】效果，载入"水滴"素材添加【蒙版】，使用【画笔】进行涂抹，注意调节【画笔设置】。

主要技术

1.【高斯模糊】。
2.【图层蒙版】。
3.【画笔工具】。

B04.20 作业练习——合成透视角度的文字

本作业原图和完成效果参考如图 B04-199 所示。

素材作者：Tama66

(a) 原图   (b) 完成效果参考

图 B04-199

作业思路

执行【滤镜】-【消失点】菜单命令，用其中的创建平面工具在墙体绘制四边形，再选择【编辑平面工具】将文字粘贴到四边形，调整墙体图层的【图层样式】中的【混合选项】。注意调整文字大小与最后的透视效果。

主要技术

1.【横排文字工具】。

2.【滤镜】-【消失点】。

3. 创建【平面工具】。

4. 编辑【平面工具】。

5. 图层样式。

 读书笔记

B05.1　实例练习——制作天鹅倒影

本实例完成效果参考如图 B05-1 所示。

图 B05-1

操作步骤

01 打开本课配套素材"湖面"和"天鹅",使用【快速选择工具】🖌将天鹅从图中抠出,如图 B05-2 所示。

图 B05-2

02 按 Ctrl+C 快捷键复制抠出的天鹅,在"湖面"中按 Ctrl+V 快捷键粘贴,将图层重命名为"天鹅",再按 Ctrl+T 快捷键调整其大小和位置,效果如图 B05-3 所示。

图 B05-3

05 执行【滤镜】-【液化】菜单命令，使用左侧工具栏中的【向前变形工具】，调整【画笔工具选项】中的【大小】为100，【密度】为10，【压力】为50，并在图中拖曳鼠标使倒影呈现水波纹的效果，如图 B05-6 所示。

图 B05-6

03 复制刚刚粘贴的图层"天鹅"，重命名为"倒影"，按 Ctrl+T 快捷键进行自由变换，右击选择【垂直翻转】选项，将翻转后的天鹅图案向下垂直移动，效果如图 B05-4 所示。

图 B05-4

04 在图层列表中，将图层"倒影"移动到图层"天鹅"下方，再调整图层的【混合模式】为正片叠底，【不透明度】为55%，如图 B05-5 所示。

图 B05-5

06 在图层列表中单击空白处，不选择图层，单击下方的【创建新的填充或调整图层】按钮，调整【亮度】为50，如图 B05-7 所示，效果如图 B05-8 所示。

图 B05-7

07 打开本课配套素材 "Swan Lake" 将其移动至合适位置，将【混合模式】调整为滤色。这样天鹅倒影就制作完成了，效果如图 B05-9 所示。

图 B05-8

图 B05-9

B05.2 实例练习——夕阳下的剪影

本实例原图与完成效果参考如图 B05-10 所示。

(a) 原图

素材作者：adamkontor、Myriams-Fotos

(b) 完成效果参考

图 B05-10

操作步骤

01 打开本课配套素材"情侣""夕阳",在"情侣"文档中执行【选择】-【主体】菜单命令,将人像生成选区。执行【选择】-【修改】-【扩展】菜单命令,设置参数为 3 像素,按 Ctrl+J 快捷键复制一层命名为"人像"。按住 Ctrl 键单击图层"人像"的缩览图生成选区,设置前景色为黑色,按 Alt+Delete 快捷键填充黑色,如图 B05-11 所示。

02 在文档"夕阳"中,新建图层命名为"地面",选择图层"地面",使用【画笔工具】✐的【硬边圆】,调整画笔【大小】为 300 像素,设置前景色为黑色,在图像下部绘制黑色作为地面,效果如图 B05-12 所示。

图 B05-11

图 B05-12

03 选择文档"情侣",在图层列表中选择"人像",使用【移动工具】✛将人像的黑色剪影拖曳至文档"夕阳"中,将新图层命名为"剪影",按 Ctrl+T 快捷键进行自由变换,将其调整至合适大小,如图 B05-13 所示。

04 使用【快速选择工具】✐选出"夕阳"中的太阳选区,新建图层命名为"太阳",选择图层"太阳",设置前景色的色值为 R:255、G:255、B:128,按 Alt+Delete 快捷键填充颜色,使用快捷键 Ctrl+D 取消选区。执行【滤镜】-【模糊】-【高斯模糊】菜单命令,调整【半径】为 45.6 像素,将图层"太阳"移动到图层列表最上方。最终效果如图 B05-14 所示。

图 B05-13

图 B05-14

B05.3 实例练习——合成城市月亮

本实例原图与完成效果参考如图 B05-15 所示。

(a) 原图

素材作者：dunc、JESHOOTS-com

(b) 完成效果参考

图 B05-15

图 B05-16

02 在图层列表中选择图层"城市月亮"，单击图层列表下方【添加图层蒙版】 ▣ 按钮，使用【渐变工具】，使用黑 - 白渐变，在选项栏中选择【径向渐变】，调整下方色标【位置】为50%，单击【确定】按钮提交操作，如图 B05-17 所示。从月亮左下方向右上方绘制渐变，效果如图 B05-18 所示。

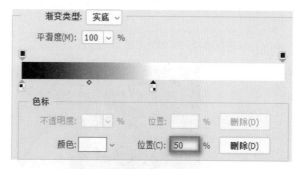

图 B05-17

图 B05-18

03 在图层列表单击下方【创建新的填充或调整图层】 ◑ 按钮，选择【色彩平衡】选项，按 Ctrl+Alt+G 快捷键创建剪贴蒙版，使其只作用于图层"城市月亮"。在【属性】面板中调整【高光】的色调，【青色 - 红色】为 -47，【洋红 -

操作步骤

01 打开本课配套素材"城市"，执行【文件】-【置入嵌入对象】菜单命令，将"月亮"图片置入"城市"文档，将新图层命名为"城市月亮"，在图层列表中将图层"城市月亮"的【混合模式】调整为变亮，效果如图 B05-16 所示。

绿色】为-54,【黄色-蓝色】为+58,如图B05-19所示,为月球添加一层神秘的蓝色。最终效果如图B05-20所示。

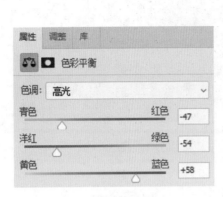

图 B05-19   图 B05-20

B05.4　综合案例——残破海报

本综合案例原图与完成效果参考如图 B05-21 所示。

素材作者:Victoria _Borodinova

(a) 原图   (b) 完成效果参考

图 B05-21

操作步骤

01 打开本课配套素材"残破墙皮"与"海报女性",拖曳"海报女性"到"残破墙皮"文档中,将图层"海报女性"命名为"海报",选择图层"海报",按 Ctrl+T 快捷键进行自由变换,调整为合适尺寸。在图层列表中隐藏图层"海报",显示出背景图层"残破墙皮",按 Ctrl+A 和 Ctrl+C 快捷键复制背景,如图 B05-22 所示。

02 打开图层"海报"的可见性，添加图层蒙版，按住 Alt 键单击刚添加的蒙版，进入蒙版编辑模式，按 Ctrl+V 快捷键粘贴。按 Ctrl+L 快捷键打开【色阶】对话框，调整蒙版内的图像亮度稍高一些，这样海报内容显示的部分会更多。使用【磁性套索工具】画出墙皮破损范围，设定前景色为黑色，按 Alt+Delete 快捷键填充黑色，效果如图 B05-23 所示。

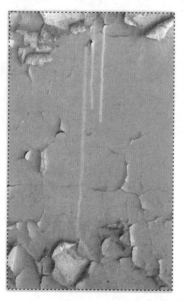
图 B05-22

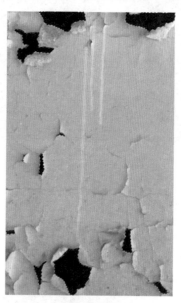
图 B05-23

03 双击图层"海报"打开【图层样式】对话框，在【混合选项】选项卡中调整【混合颜色带】，适当调整【下一图层】的滑块（见图 B05-24），稍稍隐去一部分海报内容，制作残破的效果，完成的残破海报如图 B05-25 所示。

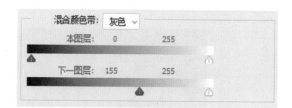
图 B05-24

图 B05-25

B05.5　综合案例——咖啡漩涡效果

本实例原图与完成效果参考如图 B05-26 所示。

素材作者：ulleo

(a) 原图   (b) 完成效果参考

图 B05-26

操作步骤

01 新建一个文档，设定尺寸为 1920 像素 ×1080 像素，【背景内容】为白色。将背景图层解锁并命名为"咖啡纹理"，重复多次执行【滤镜】-【渲染】-【分层云彩】菜单命令，得到多层的云彩纹理效果，如图 B05-27 所示。

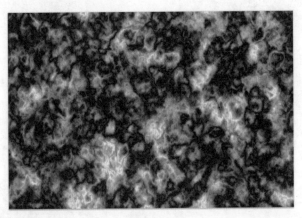

图 B05-27

02 在图层列表中右击图层"咖啡纹理"，选择【转换为智能对象】选项，将图层转换为智能对象方便后期调整。执行【滤镜】-【滤镜库】菜单命令，在【滤镜库】对话框中选择【艺术效果】-【塑料包装】滤镜，调整【高光强度】为 14，【细节】为 7，【平滑度】为 12，如图 B05-28 所示，此时效果如图 B05-29 所示。

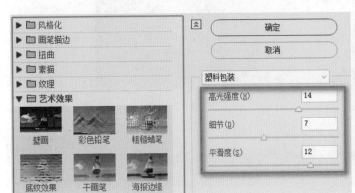
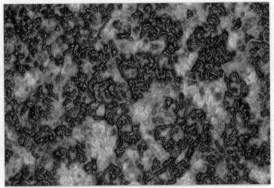

图 B05-28   图 B05-29

03 执行【滤镜】-【扭曲】-【旋转扭曲】菜单命令，在【旋转扭曲】对话框中设置【角度】为599度，如图B05-30所示，此时效果如图B05-31所示。

图 B05-30

图 B05-31

04 执行【滤镜】-【模糊】-【高斯模糊】菜单命令，在【高斯模糊】对话框中设置【半径】为0.8像素，如图B05-32所示，此时效果如图B05-33所示。

图 B05-32

图 B05-33

05 执行【图像】-【调整】-【曲线】命令，在【曲线】对话框中调整曲线形状，如图B05-34所示，此时效果如图B05-35所示。

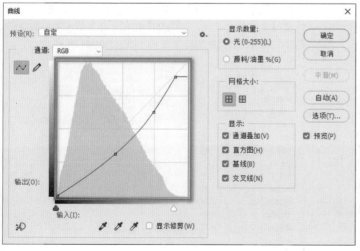

图 B05-34

图 B05-35

B

案例篇

06 执行【图像】-【调整】-【色彩平衡】菜单命令，在【色彩平衡】对话框中将【色阶】调整为+67、+2、-59，【色调平衡】选择【中间调】单选按钮，如图 B05-36 所示，此时效果如图 B05-37 所示。

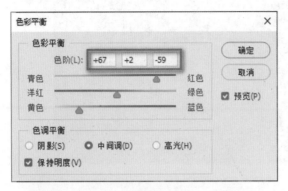

图 B05-36

图 B05-37

07 打开本课配套素材"空咖啡杯"并将其在图层列表中置顶，使用【椭圆工具】◯的【形状】模式，按住 Shift 键在咖啡杯中心绘制一个正圆，将新图层命名为"圆"，如图 B05-38 所示。

图 B05-38

08 在图层列表中右击图层"咖啡纹理"，选择【转换为智能对象】选项，将图层"咖啡纹理"移动至图层"圆"上方，选择图层"咖啡纹理"后按 Ctrl+Alt+G 快捷键创建剪贴蒙版，此时效果如图 B05-39 所示。

图 B05-39

09 在图层列表中选择图层"咖啡纹理"，按 Ctrl+T 快捷键进行自由变换，将图层"咖啡纹理"纵向拉长，如图 B05-40 所示。

图 B05-40

10 下面制作咖啡杯内侧的阴影。在图层列表中双击图层"圆"，在【图层样式】对话框中选中并打开【内阴影】选项卡，将【混合模式】调整为正片叠底，调整【颜色】的色值为 R：47、G：22、B：2，【不透明度】为 99%，【角度】为 158 度，【距离】为 61 像素，【阻塞】为 35%，【大小】为 43 像素，如图 B05-41 所示；选中并打开【外发光】选项卡，将【不透明度】调整为 41%，【方法】为精确，【扩展】为 0%，【大小】为 21 像素，【范围】为 55%，如图 B05-42 所示，完成添加阴影操作。这样咖啡漩涡效果就制作完成了，如图 B05-43 所示。

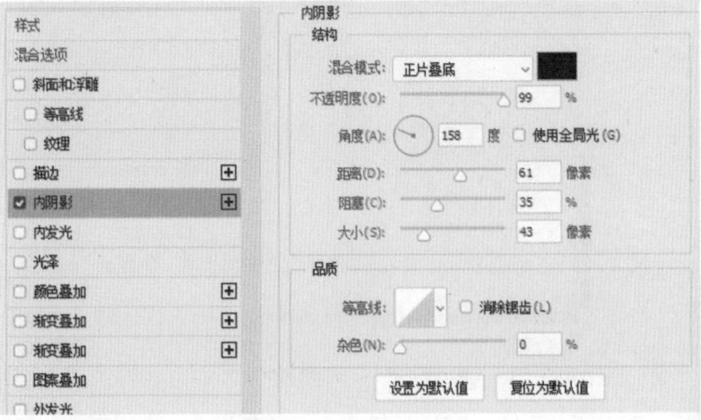

图 B05-41

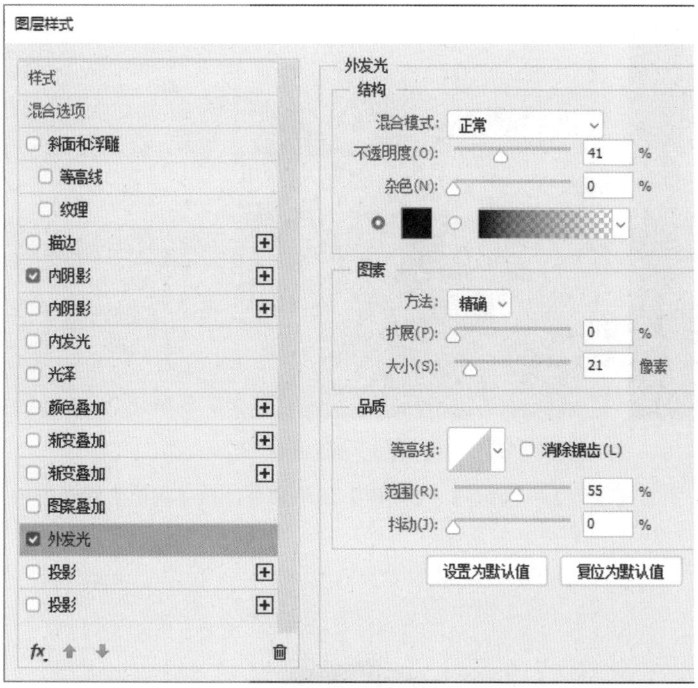

图 B05-42

图 B05-43

B05.6　综合案例——虎啸山林效果

本综合案例完成效果参考如图 B05-44 所示。

素材作者：Free-Photos、TeeFarm、jplenio

图 B05-44

操作步骤

01 打开本课配套素材"老虎"，使用【套索工具】 将老虎轮廓大致圈出来，如图 B05-45 所示。

02 在选项栏中使用【选择并遮住】命令，使用【调整边缘画笔工具】 涂抹老虎的边缘，在右侧【输出设置】中设置【输出到】新建图层，如图 B05-46 所示。

图 B05-45

图 B05-46

03 将新图层命名为"阈值"后隐藏图层"背景"。执行【图像】-【调整】-【阈值】菜单命令，在【阈值】对话框中设置【阈值色阶】为150，如图 B05-47 所示，此时效果如图 B05-48 所示。

图 B05-47

图 B05-48

04 执行【选择】-【色彩范围】菜单命令，吸取老虎身上的黑色，调整【颜色容差】为200，单击【确认】按钮提交操作。按 Ctrl+J 快捷键将选区复制出来，将新图层命名为"透明老虎"，隐藏图层"阈值"，如图 B05-49 所示。

05 使用【橡皮擦工具】 将多余的黑色擦除，在图层列表最下方新建一个图层并填充白色，如图 B05-50 所示。

图 B05-49

图 B05-50

06 打开本课配套素材"山林",将其移动至图层"透明老虎"下方,按 Ctrl+T 快捷键进行自由变换调整大小,再按 Ctrl+J 快捷键复制一层。选择新复制的山林图层,按 Ctrl+T 快捷键进行自由变换,在图像中右击选择【水平翻转】选项,再按 Ctrl+E 快捷键合并两个山林图层。将新图层命名为"灰色山林",执行【图像】-【调整】-【阈值】菜单命令,调整【阈值色阶】为 86,再调整曲线形状,如图 B05-51 所示,此时效果如图 B05-52 所示。

图 B05-53

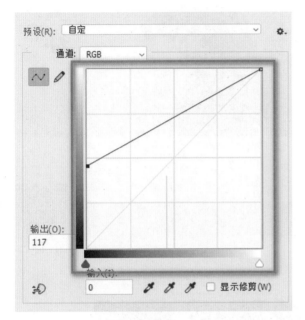

图 B05-51

图 B05-54

09 为图层"绿林"创建图层蒙版,选择蒙版后使用【渐变工具】■,在选项栏中设置【渐变颜色】为黑白渐变,【渐变样式】为线性,绘制渐变,使其在老虎的脖子附近过渡,如图 B05-55 所示。

图 B05-52

07 复制图层"山林",按 Ctrl+T 快捷键进行自由变换,将山林图像向左移动,单击图层列表下方的【添加图层蒙版】■按钮,选择蒙版,使用【画笔工具】✐并将画笔设置为黑色,擦除老虎躯干部分的山林,如图 B05-53 所示。

08 再次打开本课配套素材"山林"将其在图层列表中置顶并命名为"绿林",按 Ctrl+T 快捷键进行自由变换,调整其位置和大小,如图 B05-54 所示。

图 B05-55

10 打开本课配套素材"高山",将其移动至图层"透明老虎"上方,按 Ctrl+T 快捷键进行自由变换,调整其位置和大小，按 Ctrl+Alt+G 快捷键创建剪贴蒙版，如图 B05-56 所示。

11　打开本课配套素材"虎啸山林"，按 Ctrl+T 快捷键进行自由变换，移动至合适位置完成所有操作，最终效果如图 B05-57 所示。

图 B05-56

图 B05-57

B05.7　综合案例——合成科幻人像

本综合案例原图和完成效果参考如图 B05-58 所示。

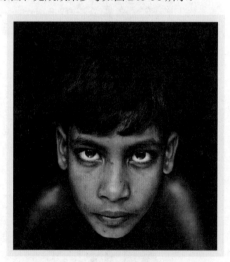

(a) 原图

素材作者：nahidsheikh31、DagmarYanbak-Grafikdesign

(b) 完成效果参考

图 B05-58

操作步骤

01　打开本课配套素材"黑暗中的男孩"和"岩石壁"，将图层"岩石壁"移动至"黑暗中的男孩"上方，如图 B05-59 所示。

02　选择图层"岩石壁"，单击图层列表下方的【添加图层蒙版】 按钮，单击蒙版缩览图，使用【画笔工具】 ，设置前景色为黑色，擦去男孩眼睛和嘴唇上的图案，如图 B05-60 所示，调整其【混合模式】为正片叠底，如图 B05-61 所示。

图 B05-59   图 B05-60   图 B05-61

03 按 Ctrl+Shift+N 快捷键创建一个新图层，将其命名为"眼睛"，使用【钢笔工具】 ✍ 的【路径】模式，框选男孩的眼睛部分，如图 B05-62 所示。按 Ctrl+Enter 快捷键生成选区，如图 B05-63 所示。

04 将前景色调整为蓝色（色值为 R：43、G：150、B：237），按 Alt+Delete 快捷键填充蓝色，如图 B05-64 所示。

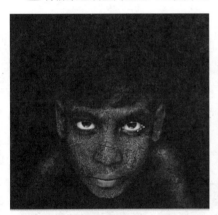

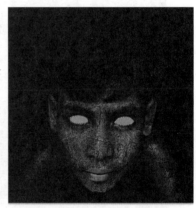

图 B05-62   图 B05-63   图 B05-64

05 执行【滤镜】-【模糊】-【高斯模糊】菜单命令，设置【半径】为 15.3，如图 B05-65 所示。单击【确定】按钮提交操作，岩石纹理的皮肤和蓝色的眼睛就合成出来了，如图 B05-66 所示。

06 打开本课配套素材"HAPPY HALLO WEEN"，按 Ctrl+T 快捷键进行自由变换，将其调整至合适位置。这样科幻人像就制作完成了，效果如图 B05-67 所示。

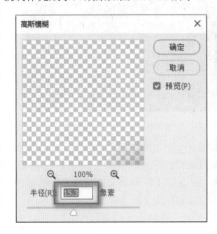

图 B05-65   图 B05-66   图 B05-67

B05.8　综合案例——将文字组合成人像

本综合案例原图和完成效果参考如图 B05-68 所示。

(a) 原图

(b) 完成效果参考

图 B05-68

操作步骤

01 打开本课配套素材"黑白女生"和"英文",选择图片"黑白女生",按 Ctrl+L 快捷键打开【色阶】对话框,调整参数如图 B05-69 所示,执行【滤镜】-【模糊】-【高斯模糊】菜单命令,效果如图 B05-70 所示。将处理好的文件另存为 PSD 格式,命名为"置换图"。

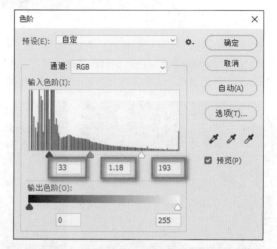

图 B05-69

图 B05-70

02 回到"黑白女生"文档,将"英文"拖曳到"黑白女生"上,如图 B05-71 所示,执行【滤镜】-【扭曲】-【置换】菜单命令,将图层【转为智能对象】,如图 B05-72 所示,调整【水平比例】为 10,【垂直比例】为 10,如图 B05-73 所示,接下来选择步骤【1】保存的置换图,效果如图 B05-74 所示。

图 B05-71

图 B05-72

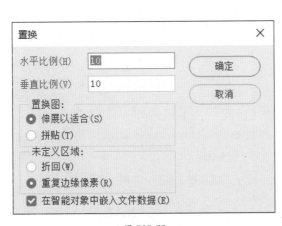

图 B05-73

图 B05-74

03 按住 Alt 键解锁背景图层,将其命名为"图层 0",将图层"图层 0"移动到"英文"上方,右击图层"图层 0"选择【创建剪贴蒙版】选项,如图 B05-75 所示,效果如图 B05-76 所示。

图 B05-75

图 B05-76

04 新建一个图层"图层1"，填充为黑色，将图层"图层1"移动至图层列表最下方，如图B05-77所示，完成效果如图B05-78所示。

图 B05-77

图 B05-78

B05.9　综合案例——饮料瓶分离海报

本综合案例完成效果参考如图B05-79所示。

素材作者：xxolaxx、Lumapoche

图 B05-79

操作步骤

01 打开本课配套素材"猕猴桃饮料"，使用【钢笔工

具】 ∅.的【路径】模式，将要分离的部分画出来，如图B05-80所示。

02 右击路径，选择【建立选区】选项，按 Ctrl+Shift+J 快捷键分离选区中的部分。按 Ctrl+T 快捷键进行自由变换，调整饮料瓶第一部分的位置，如图B05-81所示。

图 B05-80

图 B05-81

03 如法炮制饮料瓶的其他部分，如图 B05-82 所示。

04 使用【椭圆工具】◎ 的【形状】模式画一个椭圆，填充任意颜色，【描边】为无，并调整其位置到饮料瓶的第一部分下方，如图 B05-83 所示。

图层命名为"内切面"，调整其位置及大小，如图 B05-86 所示。

08 右击图层"内切面"，选择【创建剪贴蒙版】选项，如图 B05-87 所示，此时效果如图 B05-88 所示。

09 将内切面拖入椭圆中，调整显示位置。其他分离部分操作方法相同，如法炮制即可制作出如图 B05-89 所示的效果。

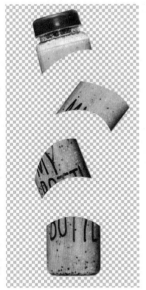

图 B05-82　　　　　　　　　图 B05-83

05 使用相同方法制作饮料瓶的其他部分，如图 B05-84 所示。

06 打开本课配套素材"猕猴桃"，使用【快速选择工具】☑ 将猕猴桃内切面抠出来，如图 B05-85 所示。

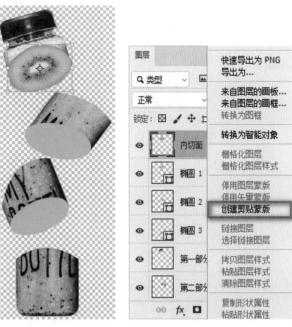

图 B05-86　　　　　　　　　图 B05-87

图 B05-84　　　　　　　　　图 B05-85

07 将抠出来的内切面拖曳到之前做好的分离图中，将

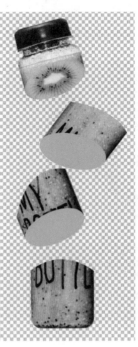

图 B05-88　　　　　　　　　图 B05-89

10 在图层列表下方单击【创建新的填充或调整图层】 ◎ 按钮，选择【渐变】选项，在【渐变填充】对话框中选择合适的颜色，如图 B05-90 所示，效果如图 B05-91 所示。

11 打开本课配套素材"溅射背景"，将其移动至渐变图层上方，完成所有操作，效果如图 B05-92 所示。

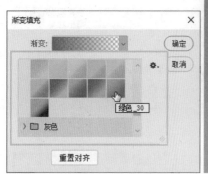

图 B05-90

图 B05-91

图 B05-92

B05.10　综合案例——合成人脸面具

本综合案例完成效果参考如图 B05-93 所示。

素材作者：JerzyGorecki

图 B05-93

操作步骤

01 打开本课配套素材"红发女"。使用【钢笔工具】 ◎ 的【路径】模式，将"红发女"的半边脸勾画出来，如图 B05-94 所示。再按 Ctrl+Enter 快捷键生成选区，如图 B05-95 所示。

图 B05-94

图 B05-95

02 选择图层"背景"，按 Ctrl+J 快捷键复制图层，命名为"图层 1"，如图 B05-96 所示。向右下方轻轻拖曳"图层 1"，如图 B05-97 所示。

图 B05-96

图 B05-97

03 选择图层"图层 1"，单击【添加图层样式】按钮 *fx*，选中并打开【投影】选项卡，调整【混合模式】为正常，【不透明度】为 48%，【角度】为 30 度，【距离】为 0 像素，【扩展】为 0%，【大小】为 8 像素，【杂色】为 0%，如图 B05-98 所示，效果如图 B05-99 所示。

图 B05-98

图 B05-99

04 将图片"绳子"拖曳至"红发女"文档中，按 Ctrl+T 快捷键进行自由变换，调整至合适位置，如图 B05-100 所示。

05 执行【滤镜】-【液化】菜单命令，使绳子与人物头发接触的位置显得自然，如图 B05-101 所示。再使用【椭圆选框工具】○ 在面具和绳子接触的位置绘制一个小孔。这样人脸面具就制作完成了，效果如图 B05-102 所示。

图 B05-100

图 B05-101

图 B05-102

B05.11　综合案例——合成水晶球宝宝

本综合案例原图与完成效果参考如图 B05-103 所示。

素材作者：TheoCrazzolara、predvopredvo

(a) 原图

(b) 完成效果参考

图 B05-103

操作步骤

01 打开本课配套素材"水晶球"和"熟睡宝宝"。对"熟睡宝宝"执行【选择】-【主体】菜单命令，再使用【快速选择工具】✓将宝宝人像细致地抠出，使用【移动工具】✢，将抠出的宝宝人像拖曳至"水晶球"文档，将新生成的图层命名为"宝宝人像"，效果如图 B05-104 所示。

02 在图层列表中选择图层"水晶球"，使用【椭圆选框工具】选中水晶球的部分，按 Ctrl+J 快捷键复制选区，将新图层命名为"效果"，设置【混合模式】为滤色，如图 B05-105 所示。

图 B05-104

图 B05-105

03 在图层列表中双击图层"效果"打开【图层样式】对话框，选中并打开【外发光】选项卡，调整【混合模式】为滤色，颜色的色值为 R：232、G：5、B：5，【扩展】为 13%，【大小】为 213 像素，如图 B05-106 所示，单击【确定】按钮提交操作。这样水晶球宝宝就制作完成了，效果如图 B05-107 所示。

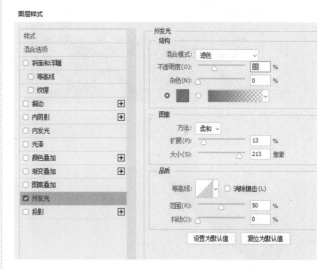

图 B05-106

图 B05-107

B05.12 综合案例——合成沙滩与漂流瓶

本综合案例原图与完成效果参考如图 B05-108 所示。

图 B05-109

02 按 Ctrl+J 快捷键复制两个图层，分别命名为"亮"和"暗"。将图层"亮"移动到图层列表最上方，调整【混合模式】为滤色；将图层"暗"移动到图层"瓶子"下方，调整【混合模式】为正片叠底。取消图层"瓶子"的可见性，在图层列表中选择图层"亮"，按 Ctrl+L 快捷键打开【色阶】对话框，调整参数为 187、1.00、255，如图 B05-110 所示，单击【确定】按钮提交操作，效果如图 B05-111 所示。

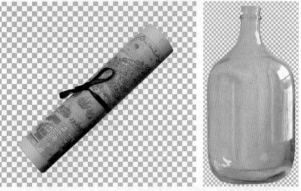

素材作者：croisy、maja7777、belende12

(a) 原图

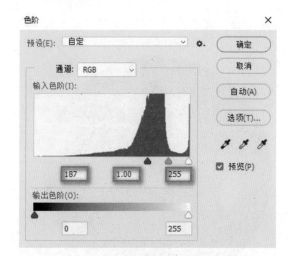

图 B05-110

(b) 完成效果参考

图 B05-108

操作步骤

01 打开本课配套素材"沙滩""漂流瓶""卷轴"。在"漂流瓶"文档中执行【选择】-【主体】菜单命令，将瓶子抠出并拖曳至"沙滩"文档中，将新图层命名为"瓶子"，按 Ctrl+T 快捷键进行自由变换，将其调整到合适位置，效果如图 B05-109 所示。

图 B05-111

03 在图层列表中打开图层"瓶子"的可见性，调整其【不透明度】为 22%。效果如图 B05-112 所示。

图 B05-112

04 在"卷轴"文档中执行【选择】-【主体】菜单命令，将卷轴抠出并拖曳至"沙滩"文档中，将新图层命名为"卷轴"。将图层"卷轴"移动至图层"瓶子"下方，按 Ctrl+T 快捷键进行自由变换，调整到合适位置，效果如图 B05-113 所示。

图 B05-113

05 按住 Ctrl 键在图层列表中选中图层"亮""瓶子""卷轴""暗"，按 Ctrl+G 快捷键编组，将图层组命名为"瓶子与卷轴"。选择图层组"瓶子与卷轴"，单击下方的【添加图层蒙版】 ▣ 按钮。使用【画笔工具】 ✐，在【画笔设置】面板中选择【干介质画笔】，设置【形状】为【终极硬芯铅笔】，画出瓶子被沙子覆盖的效果，如图 B05-114 所示。

06 新建图层命名为"内部阴影"，将图层"内部阴影"移动到图层列表的最上方，调整【混合模式】为正片叠底，按 Ctrl+Alt+G 快捷键添加剪贴蒙版，设置前景色的色值为 R：83、G：57、B：22，选择【画笔工具】 ✐ 为常规画笔【柔边圆】，对瓶底与沙子的连接处进行涂抹，效果如图 B05-115 所示。

图 B05-114

图 B05-115

07 新建一个图层并命名为"外部阴影"，将图层"外部阴影"移动到组"瓶子与卷轴"的下方，调整【混合模式】为正片叠底，选择【画笔工具】 ✐ 调整【形状】为柔边圆，对瓶子左侧与沙子的连接处进行涂抹，完成所有操作，最终效果如图 B05-116 所示。

图 B05-116

B05.13   综合案例——屏幕映射效果

本综合案例原图与完成效果参考如图 B05-117 所示。

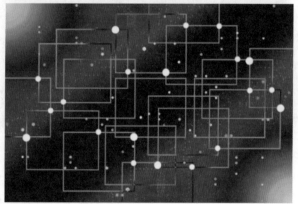

素材作者：StockSnap、geralt

(a) 原图

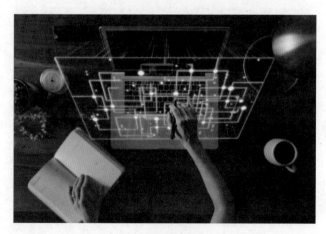

(b) 完成效果参考

图 B05-117

操作步骤

01 打开本课配套素材"电脑""屏幕"，将"屏幕"拖曳到"电脑"文档中，将其命名为"映射"，复制图层"映射"并命名为"新电脑"，关闭图层"映射"的可见性，选择图层"新电脑"，按 Ctrl+T 快捷键进行自由变换，将"屏幕"置于电脑屏幕中，再使用【扭曲】命令，调整其位置与大小，效果如图 B05-118 所示。

图 B05-118

02 选择图层"映射"并打开其可见性，将图层"映射"移动到图层列表的最上层。按 Ctrl+T 快捷键进行自由变换，调整大小，再使用【扭曲】命令将其调整到合适位置，效果如图 B05-119 所示。

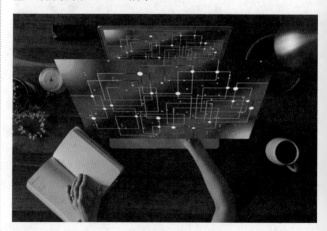

图 B05-119

03 在图层列表中选择图层"新电脑"，右击选择【转换为智能对象】选项，执行【图层】-【调整】-【色相/饱和度】菜单命令，调整【明度】为-85，其余参数保持默认，如图 B05-120 所示，此时效果如图 B05-121 所示。

图 B05-120   图 B05-121

04 在图层列表中双击图层"映射"打开【图层样式】对话框，选中并打开【描边】选项卡，设置【大小】为2像素，【位置】为外部，描边颜色的色值为 R：6、G：165、B：176，如图 B05-122 所示，右击选择【转换为智能对象】选项，效果如图 B05-123 所示。

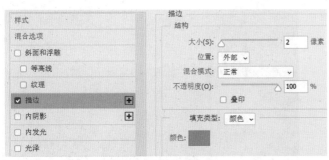

图 B05-122   图 B05-123

05 在图层列表中选择图层"映射"，按 Ctrl+M 快捷键调整曲线形状，如图 B05-124 所示。

06 双击智能对象图层"映射"，选择【画笔工具】✎调整前景色分别为 R：23、G：54、B：89，并对图像的左上角与右下角进行涂抹，使颜色与整体相符，效果如图 B05-125 所示。

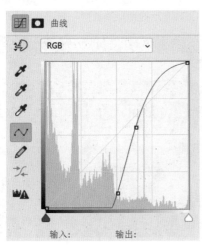

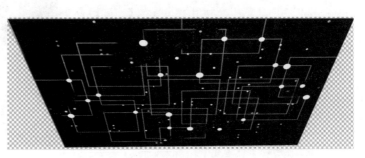

图 B05-124   图 B05-125

07 保存并关闭智能对象源文档"映射",此时刚刚调整的图层"映射"已应用到图像上,效果如图 B05-126 所示。

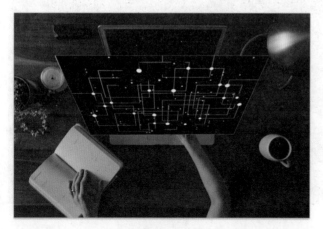

图 B05-126

08 在图层列表中选择图层"映射",调整【混合模式】为滤色,过滤其深色背景。在图层列表下方单击【添加图层蒙版】按钮。选择背景图层,使用【快速选择工具】将手部抠出,选择图层"映射"的蒙版,对刚刚抠出的手部填充黑色,效果如图 B05-127 所示。

图 B05-127

09 按 Ctrl+D 快捷键取消选区,在图层列表中选择图层"映射",复制出三层,分别命名为"映射 1""映射 2""映射 3"。在图层列表中选择图层"映射 1",执行【滤镜】-【模糊】-【高斯模糊】菜单命令,设置【半径】为 4.5 像素。重复此操作为图层"映射 2"和"映射 3"都添加轻微的模糊效果,效果如图 B05-128 所示。

10 新建图层并命名为"光束",使用【矩形选框工具】在图像内框出一个矩形,填充为白色。执行【滤镜】-【杂色】-【添加杂色】菜单命令,设置参数为 110%;执行【滤镜】-【渲染】-【分层云彩】菜单命令,执行【滤镜】-【渲染】-【纤维】菜单命令,设置【差异】为 12,【强度】为 24;

执行【滤镜】-【模糊】-【动感模糊】菜单命令,设置【角度】为 90 度,【距离】为 470 像素。单击【确定】按钮提交操作,效果如图 B05-129 所示。

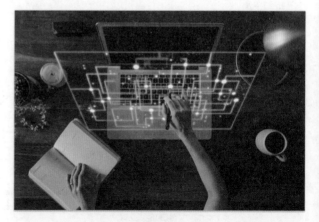

图 B05-128

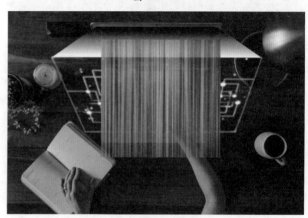

图 B05-129

11 将图层"光束"复制出一层,命名为"光束 1",锁定图层"光束",关闭其可见性,将图层"光束 1"移动到图层"光束"下方。选择图层"光束 1"按 Ctrl+T 快捷键进行自由变换,将其变形为梯形放射状,如图 B05-130 所示。

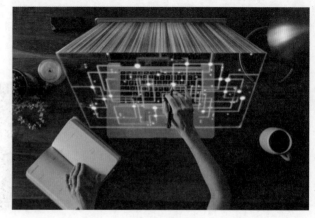

图 B05-130

12 调整图层"光束1"的【混合模式】为滤色,适当调整色阶,增强对比,此时效果如图 B05-131 所示。

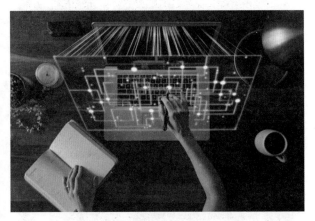

图 B05-131

13 执行【图像】-【调整】-【色彩平衡】菜单命令,参数如图 B05-132 所示。右击图层"光束1"的蒙版选择【应用图层蒙版】选项,再为此图层添加一层蒙版,使用【渐变工具】由下向上绘制渐变,效果如图 B05-133 所示。

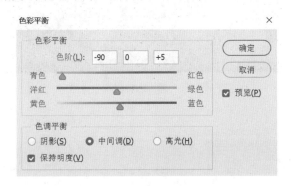

图 B05-132

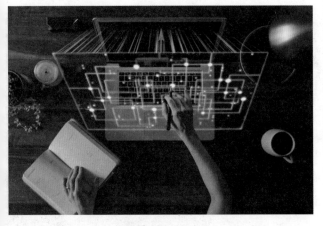

图 B05-133

14 选择图层"光束1",按 Ctrl+L 快捷键打开【色阶】对话框进行调整,如图 B05-134 所示,效果如图 B05-135 所示。

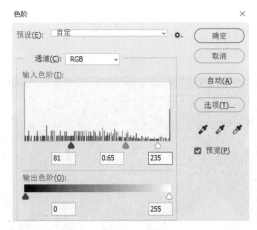

图 B05-134

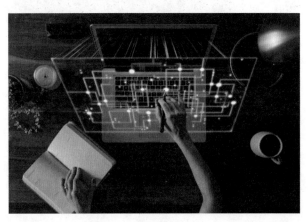

图 B05-135

15 将图层"光束1"复制出两层,分别命名为"光束2""光束3",其中"光束2"用来加深线条颜色。选择图层"光束3",执行【滤镜】-【模糊】-【高斯模糊】菜单命令,设置【半径】为4像素。复制两层"光束3",分别命名为"光束4""光束5",使模糊效果更加明显。选中所有光束图层,按 Ctrl+G 快捷键编组,命名为"光束组",效果如图 B05-136 所示。

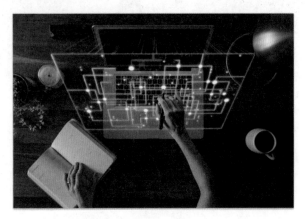

图 B05-136

16 参考前面的步骤制作其余的光束部分，统一放到编组"光束组"里，将图层组的【不透明度】设置为 28%，如图 B05-137 所示。

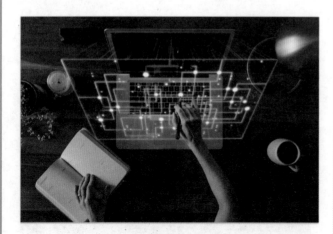

图 B05-137

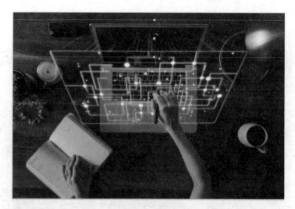

图 B05-138

17 在图层列表中选择图层"电脑"，将其转换为智能对象后执行【滤镜】-【模糊画廊】-【移轴模糊】菜单命令，虚化场景中的多余元素，如图 B05-138 所示。

18 选择图层"电脑"，为其添加蒙版，使用【快速选择工具】 将手臂选出，并在蒙版中填充黑色，手臂就出现在映射屏幕的上方，并巧妙地合成在一起，最终效果如图 B05-139 所示。

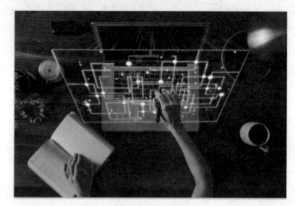

图 B05-139

B05.14 作业练习——摄影师视角效果

本作业原图和完成效果参考如图 B05-140 所示。

(a) 原图

图 B05-140

(b) 完成效果参考

图 B05-140（续）

作业思路

将"手持手机"置入"雪地"文档，使用【剪贴蒙版】工具展示手机屏幕，再对背景进行模糊处理，增加景深效果。

主要技术

1.【钢笔工具】。

2.【剪贴蒙版】。

3.【场景模糊】。

B05.15 作业练习——合成网球柠檬

本作业原图和完成效果参考如图 B05-141 所示。

(a) 原图

图 B05-141

素材作者：OpenClipart-Vectors、Shutterbug75、dietmaha

(b) 完成效果参考

图 B05-141（续）

作业思路

　　复制柠檬切面并进行自由变换，为网球图像添加蒙版并删除多余部分，再给切面图层添加蒙版并过渡边缘。使用【椭圆选框工具】设置【羽化】填充黑色后压缩制作投影，最后拖入背景素材。

主要技术

1.【快速选择工具】。

2.【自由变换】。

3. 添加并编辑【蒙版】。

4. 制作【投影】。

 读书笔记

B06.1　实例练习——替换天空并调色

本实例原图和完成效果参考如图 B06-1 所示。

素材作者：StockSnap

(a) 原图

(b) 完成效果参考

图 B06-1

操作步骤

01 打开本课配套素材"沙滩情侣"，按 Ctrl+J 快捷键复制一层，选择复制出的图层，执行【编辑】-【天空替换】菜单命令，在【天空替换】对话框中将【天空】调整为【日落】中的第三个，其他参数保持默认，单击【确认】按钮提交操作，如图 B06-2 所示，效果如图 B06-3 所示。

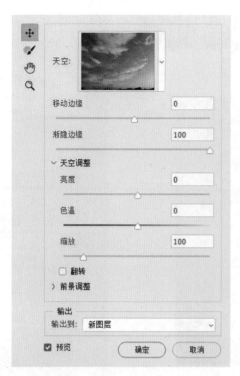

图 B06-2

图 B06-5

03 单击图层列表下方的【创建新的填充或调整图层】 🔘 按钮，选择【可选颜色】选项创建调整图层，选择【颜色】为黄色，调整【青色】为 -44%，【洋红】为 +93%，【黄色】为 +83%，如图 B06-6 所示；选择【颜色】为绿色，调整【青色】为 -100%，【洋红】为 +100%，如图 B06-7 所示，草地的颜色也变为黄色系。再单击图层列表下方的【添加图层蒙版】 🔘 按钮，选择新建的蒙版，使用【画笔工具】 🖌 将前景色调整为黑色后将图像中的人物涂抹出来，使人物不受影响，完成效果如图 B06-8 所示。

图 B06-3

02 单击图层列表下方的【创建新的填充或调整图层】 🔘 按钮，选择【照片滤镜】选项创建调整图层，调整【滤镜】为 Warming Fiter（85），【密度】为 80%，如图 B06-4 所示，此时效果如图 B06-5 所示。

图 B06-6   图 B06-7

照片滤镜

● 滤镜：   Warming Filter (85)
○ 颜色：
密度：   80   %

☑ 保留明度

图 B06-4

图 B06-8

B06.2 实例练习——为老照片设计气氛

本实例原图与完成效果参考如图 B06-9 所示。

素材作者：1103997

(a) 原图

(b) 完成效果参考
图 B06-9

操作步骤

01 打开本课配套素材"奏乐的小女孩"，在图层列表中单击【创建新的填充或调整图层】 按钮，选择【色彩平衡】选项，调整【中间调】的色调，【青色 - 红色】为 +72，【洋红 - 绿色】为 +8，【黄色 - 蓝色】为 -82，如图 B06-10 所示；调整【阴影】的色调，【青色 - 红色】为 +30，【洋红 -

绿色】为 0，【黄色 - 蓝色】为 -50，如图 B06-11 所示。将新图层命名为"变暖"，此时效果如图 B06-12 所示。

图 B06-10

图 B06-11

图 B06-12

02 在图层列表中选择图层"变暖"，单击【创建新的填充或调整图层】 按钮，选择【渐变】选项。调整渐变条的颜色，左色标的色值为 R：255、G：208、B：64，如图 B06-13 所示；调整【样式】为径向，【缩放】为 122%，如图 B06-14

所示。将新图层命名为"光线"，在图层列表中调整【混合模式】为滤色，此时效果如图 B06-15 所示。

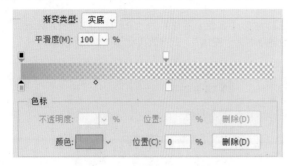

图 B06-13

图 B06-14

图 B06-16

图 B06-17

05 打开本课配套素材"高音谱号"，将其在图层列表中置顶，按 Ctrl+T 快捷键进行自由变换调整位置后即可完成所有操作，完成效果如图 B06-18 所示。

图 B06-15

03 在图层列表中选择图层"光线"，右击选择【转换为智能对象】选项。按 Ctrl+J 快捷键复制一层，将新图层命名为"光线 2"，在图层列表中调整【混合模式】为叠加，效果如图 B06-16 所示。

04 在图层列表中选择"光线"与"光线 2"，按 Ctrl+T 快捷键进行自由变换，将其移动到左上方的合适位置，如图 B06-17 所示。

图 B06-18

B06.3　综合案例——将冷色调处理为暖色调

本综合案例原图与完成效果参考如图 B06-19 所示。

素材作者：Foundry

(a) 原图

(b) 完成效果参考

图 B06-19

操作步骤

01 打开本课配套素材"两个女孩"，照片的暗部有很多青色、蓝色，看起来阴冷、沉重，下面将它处理为暖色调照片。在图层列表下方单击【创建新的填充或调整图层】按钮，选择【可选颜色】选项，打开【属性】面板，选择【颜色】为青色，调整【青色】为 -100%，【洋红】为 -98%，【黄色】为 -52%，【黑色】为 +49%，使暗部变得不那么沉闷，如图 B06-20 所示，此时效果如图 B06-21 所示。

02 在图层列表下方单击【创建新的填充或调整图层】按钮，选择【色彩平衡】选项。打开【属性】面板，调整【阴影】的色调，【青色 - 红色】为 +40，【洋红 - 绿色】

为 -3，【黄色 - 蓝色】为 -42，如图 B06-22 所示；调整【高光】的色调，【青色 - 红色】为 +14，如图 B06-23 所示，此时效果如图 B06-24 所示。

03 在图层列表下方单击【创建新的填充或调整图层】按钮，选择【曲线】选项，打开【属性】面板，调整曲线的形状，如图 B06-24 所示。

图 B06-20

图 B06-21

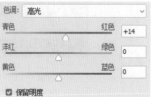

图 B06-22　　　　　　图 B06-23

图 B06-24   图 B06-25

04 选择【画笔工具】 ✐，选择【色彩平衡 1】蒙版，在右边女孩衣服和头发部位进行涂抹，使颜色回归本色，如图 B06-26 所示。这样照片色调就处理完成了，最终效果如图 B06-27 所示。

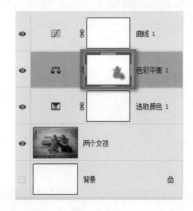

图 B06-26

图 B06-27

B06.4　综合案例——还原损坏的胶片

本综合案例原图与完成效果参考如图 B06-28 所示。

(a) 原图

素材作者：RahulPandit

(b) 完成效果参考

图 B06-28

操作步骤

01 打开本课配套素材"损坏的胶片",单击图层列表下方的【创建新的填充或调整图层】 ⊙. 按钮,选择【反相】选项,将新图层命名为"反相1"。因为胶片是负底,所以要进行反相操作将图片变为正向图像,如图B06-29所示。

图 B06-29

02 右击图层列表下方的【创建新的填充或调整图层】 ⊙. 按钮,选择【色相/饱和度】选项。在【属性】面板中调整【色相】为-172,【饱和度】为+30,【明度】不变,将新图层命名为"色相/饱和度1"如图B06-30所示,此时效果如图B06-31所示。

图 B06-30

图 B06-31

03 右击图层列表下方的【创建新的填充或调整图层】 ⊙. 按钮,选择【色彩平衡】选项。在【属性】面板中调整【中间调】色调,调整【青色-红色】为-64,【洋色-绿色】为0,【黄色-蓝色】为+81,选中【保留明度】复选框,将新图层命名为"色彩平衡1",如图B06-32所示,此时效果如图B06-33所示。

图 B06-32

图 B06-33

04 右击图层列表下方的【创建新的填充或调整图层】 ⊙. 按钮,选择【曲线】选项。打开【属性】面板,调整曲线的形状,如图B06-34所示。将新图层命名为"曲线1",效果如图B06-35所示。

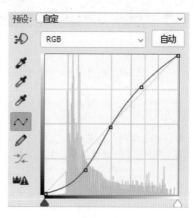

图 B06-34

图 B06-35

05 在图层列表中，按住 Ctrl 键选中图层"反相 1""色相 / 饱和度 1""色彩平衡 1""曲线 1"，右击选择【创建剪

贴蒙版】选项，完成所有操作，最终效果如图 B06-36 所示。

图 B06-36

B06.5　综合案例——增强黄昏的逆光效果

本综合案例原图与完成效果参考如图 B06-37 所示。

　　　　　　(a) 原图　　　　　　　　　　　　　　　　　　　素材作者：StockSnap

　　　　　　　　　　　　　　　　　　　　　　　(b) 完成效果参考

图 B06-37

操作步骤

01 打开本课配套素材"黄昏中的父子"，执行【滤镜】-【Camera Raw 滤镜】菜单命令，打开【Camera Raw 滤镜】对话框。在【基本】选项栏中，调整【色温】为 +86，使图像颜色变暖；调整【曝光】为 +0.35,【对比度】为 +29,【高光】为 +64，增强图像中的光晕效果；调整【阴影】为 -40,【黑色】为 -62，使暗部和亮部对比更加强烈，画面的纵深感更强；调整【白色】为 -100，使图像中阳光的部分不至于过曝；调整【纹理】为 +4,【去除薄雾】为 +52，让照片更加清晰，其他参数保持默认即可，如图 B06-38 所示。此时图像效果如图 B06-39 所示。

图 B06-38　　　　　　　　　　　　　　　图 B06-39

02 在【Camera Raw 滤镜】对话框中的最右侧单击【径向滤镜】◉按钮，以图像中阳光最强烈的部分为中心绘制圆形，如图 B06-40 所示。在【径向滤镜】面板中选中【反相】复选框，调整【色相】为 -163.6，使图像中暗色区域变成蓝色，有光线的冷暖对比，参数如图 B06-41 所示。

图 B06-40　　　　　　　　　　　　　　　图 B06-41

03 单击【确定】按钮提交操作，最终效果如图 B06-42 所示。

图 B06-42

B06.6　综合案例——黑夜变白天

本综合案例原图与完成效果参考如图 B06-43 所示。

(a) 原图

素材作者：prettysleepy1、Skitterphoto

(b) 完成效果参考

图 B06-43

操作步骤

01 打开本课配套素材"大阪夜景"，使用【快速选择工

具】选择天空部分，按 Ctrl+Shift+I 快捷键反选，在图层列表下方单击【添加图层蒙版】按钮，如图 B06-44 所示。

图 B06-44

02 打开本课配套素材"多云"，将"多云"拖曳至"大阪夜景"文档，在图层列表中将图层"多云"移动至"大阪夜景"下方，选择"大阪夜景"，使用【修补工具】将湖面部分的月亮擦除，如图 B06-45 所示。

图 B06-45

03 选择图层"大阪夜景",在图层列表下方单击【创建新的填充或调整图层】 ◎ 按钮,选择【曲线】选项,打开【属性】面板调整曲线的形状,如图B06-46所示,将新图层命名为"曲线1",右击选择【创建剪贴蒙版】选项。

04 在图层列表下方单击【创建新的填充或调整图层】 ◎ 按钮,选择【可选颜色】选项。打开【属性】面板,选择【颜色】为黄色,调整【青色】为+27%,【洋红】为-36%,【黄色】为-89%,【黑色】为+100%,如图B06-47所示;选择【颜色】为青色,调整【青色】为-68%,【洋红】为+8%,【黄色】为+100%,【黑色】为+100%,如图B06-48所示;选择【颜色】为蓝色,调整【青色】为-2%,【洋红】为-2%,【黄色】为+100%,【黑色】为0%,如图B06-49所示。右击选择【创建剪贴蒙版】选项,此时效果如图B06-50所示。

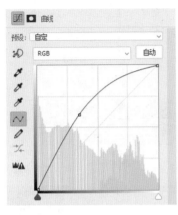

图 B06-46

图 B06-47

图 B06-48

图 B06-49

图 B06-50

05 在图层列表下方单击【创建新的填充或调整图层】 ◎ 按钮,选择【可选颜色】选项。打开【属性】面板,选择【颜色】为蓝色,调整【青色】为-4%,【洋红】为0%,【黄色】为+100%,【黑色】为0%,如图B06-51所示;选择【颜色】为青色,调整【青色】为-87%,【洋红】为+30%,【黄色】为0%,【黑色】为+64%,如图B06-52所示。右击选择【创建剪贴蒙版】选项,此时效果如图B06-53所示。

图 B06-51

图 B06-52

图 B06-53

[06] 在图层列表下方单击【创建新的填充或调整图层】 按钮，选择【亮度/对比度】选项，打开【属性】面板，调整【亮度】为 0，【对比度】为 -43，如图 B06-54 所示。右击选择【创建剪贴蒙版】选项，此时效果如图 B06-55 所示。

中调整【混合模式】为正片叠底，【不透明度】为 60%，单击下方的【添加图层蒙版】 按钮，使用【画笔工具】 将多余部分擦除，如图 B06-56 所示。最终效果如图 B06-57 所示。

图 B06-54

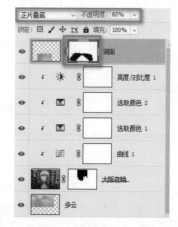

图 B06-56

图 B06-55

[07] 打开本课配套素材"多云"，使用【矩形选框工具】 框选一部分选区，将这部分拖曳至"大阪夜景"文档的湖面部分，垂直翻转一下，将新图层命名为"湖面"。在图层列表

图 B06-57

B06.7 综合案例——白天变黑夜

本综合案例原图与完成效果参考如图 B06-58 所示。

(a) 原图

素材作者：Free-Photos、nextvoyage

(b) 完成效果参考

图 B06-58

操作步骤

01 打开本课配套素材"唐人街",使用【快速选择工具】 ✐结合【多边形套索】 ✎工具选择建筑部分,在图层列表下方单击【添加图层蒙版】 ▣按钮,如图 B06-59 所示。

图 B06-59

02 打开本课配套素材"蓝色星空",将"蓝色星空"拖曳至"唐人街"文档,在图层列表中将图层"蓝色星空"移动至"唐人街"下方。选择图层"唐人街",在图层列表下方单击【创建新的填充或调整图层】 ◑按钮,选择【曲线】选项,打开【属性】面板调整曲线形状,如图 B06-60 所示。将新图层命名为"曲线 1",右击选择【创建剪贴蒙版】选项,此时效果如图 B06-61 所示。

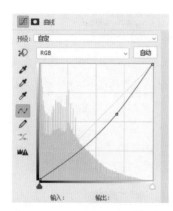

图 B06-60

图 B06-61

03 在图层列表下方单击【创建新的填充或调整图层】 ◑按钮,选择【亮度/对比度】选项,打开【属性】面板,选中【使用旧版】复选框,调整【亮度】为 -48,【对比度】为 -50,如图 B06-62 所示,效果如图 B06-63 所示。

图 B06-62

图 B06-63

04 在图层列表下方单击【创建新的填充或调整图层】 ◑按钮,选择【色彩平衡】选项,打开【属性】面板,调整【阴影】的色调，【青色 - 红色】为 -17，【洋红 - 绿色】为 0，【黄色 - 蓝色】为 +6，如图 B06-64 所示；调整【中间调】的色调，【青色 - 红色】为 -35，【洋红 - 绿色】为 -16，【黄色 - 蓝色】为 +18，如图 B06-65 所示；调整【高光】的色调，【青色 - 红色】为 -2，【黄色 - 蓝色】为 -6，如图 B06-66 所示，效果如图 B06-67 所示。

图 B06-64

图 B06-65

图 B06-66

图 B06-67

05 在图层列表下方单击【创建新的填充或调整图层】 按钮，选择【可选颜色】选项，打开【属性】面板，选择

【颜色】为红色，调整【青色】为 +83%，【洋红】为 -30%，【黄色】为 -86%，【黑色】为 +73%，如图 B06-68 所示；选择【颜色】为黄色，调整【青色】为 +100%，【洋红】为 +70%，【黄色】为 -76%，【黑色】为 -34%，如图 B06-69 所示；选择【颜色】为蓝色，调整【青色】为 +36%，【洋红】为 +71%，【黄色】为 -83%，【黑色】为 +51%，如图 B06-70 所示；选择【颜色】为黑色，调整【青色】为 +22%，【洋红】为 +4%，【黄色】为 +2%，【黑色】为 +14%，如图 B06-71 所示，效果如图 B06-72 所示。

图 B06-68

图 B06-69

图 B06-70

图 B06-71

图 B06-72

图 B06-74

06 在图层列表点击下方【创建新的填充或调整图层】按钮 ◉，选择【曲线】选项，在【属性】面板将曲线向上拖曳，使画面提亮，将新图层命名为"曲线 2"，选择蒙版部分，填充黑色。使用【多边形套索工具】 ✎，将图片中的窗户和广告牌绘制成选区，右击选择【羽化】选项，调整【羽化】半径为 15 像素，填充为白色，如图 B06-73 所示，效果如图 B06-74 所示。

07 新建图层并命名为"颜色"，在图层列表中将图层"颜色"移动至"唐人街"下方。使用【画笔工具】 ✎，调整【前景色】的色值为 R：129、G：30、B：170，选择画笔为【柔边圆】，【不透明度】为 90%，【流量】为 83%，在图中绘制城市夜空紫光。使用【横排文字工具】 T.输入主体文字，最终效果如图 B06-75 所示。

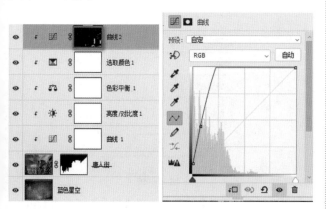

图 B06-73

图 B06-75

B06.8 综合案例——动漫效果调色

本综合案例原图和完成效果参考如图 B06-76 所示。

(a) 原图

素材作者：MichaelGaida

(b) 完成效果参考

图 B06-76

操作步骤

01 打开本课配套素材"山区风景"，在图层列表中选择图层"背景"，右击选择【转换为智能对象】选项，将其重命名为"图层 0"，如图 B06-77 所示。

图 B06-77

02 执行【滤镜】-【滤镜库】菜单命令，在对话框中选择【艺术效果】-【干画笔】滤镜，调整【画笔大小】为 2，【画笔细节】为 10，【纹理】为 1，如图 B06-78 所示。

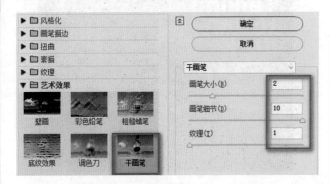

图 B06-78

03 在图层列表中，双击"图层 0"打开【图形样式】对话框，单击【混合选项】-【智能滤镜】-【滤镜库】后面的【设置】 按钮，在【混合选项】选项卡中将【不透明度】调整为 32%，如图 B06-79 所示。

图 B06-79

04 执行【滤镜】-【Camera Raw 滤镜】菜单命令，在【基本】选项栏中，调整【曝光】为 +1.15，【对比度】为 -30，【高光】为 +100，【阴影】为 +100，【黑色】为 +100，【清晰度】为 +88，【自然饱和度】为 +79，其他参数保持默认，如图 B06-80 所示。

图 B06-80

05 展开【细节】选项栏，将【锐化】调整为 130，单击数值后面的黑色三角按钮调出更多选项，调整【半径】为 1.0，【细节】为 25，【蒙版】为 83，其他参数保持默认，如图 B06-81 所示；展开【混色器】选项栏，调整【红色】为 +60，【绿色】为 +42，【浅绿色】为 +37，其他参数保持默认，如图 B06-82 所示。

图 B06-81

图 B06-82

[06] 使用【快速选择工具】在选项栏中调整合适的画笔大小，在图片中拖曳鼠标选中天空，如图 B06-83 所示。

图 B06-83

[07] 按 Ctrl+Shift+I 快捷键反选，然后在图层列表中为

"图层 0" 添加蒙版，如图 B06-84 所示。

图 B06-84

[08] 将本课配套素材"动漫天空"和"Beautiful scenery"拖进画布。按 Ctrl+T 快捷键进行自由变换，调整其大小和位置，在图层列表中将其置底。完成所有操作，最终效果如图 B06-85 所示。

图 B06-85

B06.9 综合案例——逆光人物调出电影质感

本综合案例原图与完成效果参考如图 B06-86 所示。

(a) 原图

素材作者：hatemddd

(b) 完成效果参考

图 B06-86

操作步骤

[01] 打开本课配套素材"逆光人物"，右击图层选择【转换为智能对象】选项，如图 B06-87 所示。

图 B06-87

02 执行【滤镜】-【Camera Raw 滤镜】菜单命令，展开【基本】选项栏，调整【曝光】为 +1.30，【对比度】为 -21，【高光】为 -67，【阴影】为 -36，【白色】为 +10，【黑色】为 -5，【纹理】为 +33，【清晰度】为 +12，【去除薄雾】为 +43，【自然饱和度】为 +12，其他参数保持默认，如图 B06-88 所示，效果如图 B06-89 所示。

图 B06-88　　　　　　图 B06-89

03 展开【细节】选项栏，调整【锐化】为 29，【半径】为 1.0，【细节】为 25，【蒙版】为 0，【减少杂色】为 18，【杂色深度减低】为 0，如图 B06-90 所示，效果如图 B06-91 所示。

图 B06-90　　　　　　图 B06-91

04 展开【混色器】选项栏，切换到【明亮度】选项卡，调整【红色】为 +21，【橙色】为 +66，【蓝色】为 +38，其他参数均为 0，如图 B06-92 所示，效果如图 B06-93 所示。

图 B06-92　　　　　　图 B06-93

05 展开【颜色分级】选项栏，调整【三向模式】的参数设置如图 B06-94 所示，调整【全局】的参数设置如图 B06-95 所示。

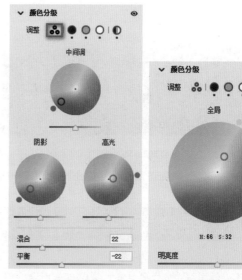

图 B06-94　　　　　　图 B06-95

06 单击【确认】按钮提交操作，就将逆光人物调出电影质感了，完成后图像如图 B06-96 所示。

图 B06-96

B06.10 综合案例——治愈系调色

本综合案例原图与完成效果参考如图 B06-97 所示。

(a) 原图

素材作者：vdnhieu

(b) 完成效果参考

图 B06-97

操作步骤

01 打开本课配套素材"伤心的女孩"，首先将人物的五官和附近的衣服纹理调整清晰，将重点部位突出，按 Ctrl+J 快捷键复制原图层，选择新图层后执行【滤镜】-【USM 锐化】菜单命令，在【USM 锐化】对话框中调整【数量】为 137%，【半径】为 111.0 像素，【阈值】为 35 色阶，如图 B06-98 所示，效果如图 B06-99 所示。

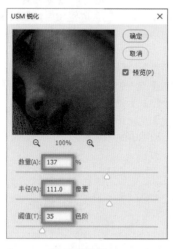

图 B06-98

图 B06-99

02 由于图像在经过锐化后不仅将五官和附近的衣服纹理变得更清晰，也使得图像的其他区域变形，因此需要单击图层列表下方的【添加图层蒙版】■ 按钮，将蒙版填充黑色后再使用【画笔工具】 ✐，在选项栏中调整适当的画笔【不透明度】和【流量】将五官和附近的衣服纹理擦出，再将图层的【不透明度】调整为 77%，如图 B06-100 所示。

03 增强图像的高光。在通道列表中按住 Ctrl 键单击 RGB 通道的缩览图将生成 RGB 通道的高光区域，按 Ctrl+J 快捷键将选区复制，将新图层命名为"高光选区"，调整【混合模式】为滤色。由于增强效果仍不够明显，可以将图层"高光选区"复制一层，如图 B06-101 所示，调整后效果如图 B06-102 所示。

图 B06-100

图 B06-101

图 B06-102

图 B06-103

图 B06-104

04 调整图像整体的色调。单击图层列表下方的【创建新的填充或调整图层】 按钮，选择【纯色】创建一个纯色图层，【填充】的色值为 R：32、G：186、B：200，将图层的【混合模式】调整为颜色，【不透明度】为 15%，效果如图 B06-103 所示。

05 降低图像的对比度，针对明度。再次创建一个【纯色】调整图层，填充的色值为 R：180、G：180、B：180，将图层的【混合模式】调整为明度，【不透明度】为 20%，调整后如图 B06-104 所示。

06 下面改变女孩的发色，重点突出头发和栏杆的颜色对比。新建一个【可选颜色】调整图层，在其【属性】面板中选择【颜色】为黄色，调整【青色】为 -82%，【洋红】为 +100%，【黄色】为 -63%，【黑色】为 +34%，如图 B06-105 所示；选择【颜色】为绿色，调整【青色】为 +19%，【洋红】为 +39%，【黄色】为 -92%，【黑色】为 0%，如图 B06-106 所示；选择【颜色】为青色，调整【青色】为 +64%，【洋红】为 +34%，【黄色】为 -100%，【黑色】为 0%，如图 B06-107 所示，此时效果如图 B06-108 所示。

图 B06-105

图 B06-106

图 B06-107

图 B06-109

08 新建一个【自然饱和度】调整图层，在其【属性】面板中调整【自然饱和度】为 +50，【饱和度】为 +8，增强图像的自然饱和度。完成所有操作，最终效果如图 B06-110 所示。

图 B06-108

07 新建一个【黑白】调整图层，在其【属性】面板中选择【预设】为默认值，【混合模式】为滤色，【不透明度】为 43%，增强不同颜色区域的明亮程度，如图 B06-109 所示。

图 B06-110

B06.11　综合案例——橙蓝色调

本综合案例原图和完成效果参考如图 B06-111 所示。

素材作者：Pezibear

(a) 原图　　　　　　　　(b) 完成效果参考

图 B06-111

操作步骤

01 打开本课配套素材"看书的小女孩"，按 Ctrl+J 快捷键复制图层"背景"，将新图层命名为"调色"，如图 B06-112 所示。

图 B06-112

02 在通道列表中选择通道"绿"并按 Ctrl+A 快捷键全选再按 Ctrl+C 快捷键复制选区，如图 B06-113 所示。

图 B06-113

03 选择通道"蓝"按 Ctrl+V 快捷键粘贴，如图 B06-114 所示。

图 B06-114

04 在通道列表中按住 Ctrl 键单击通道"绿"的缩览图，将通道"绿"的高光部分选中，如图 B06-115 所示，按 Ctrl+C 快捷键复制通道"绿"的高光部分，如图 B06-116 所示。

图 B06-115

图 B06-116

05 再次选择通道"蓝"并按 Ctrl+A 快捷键全选，按 Ctrl+V 快捷键将通道"绿"的高光部分粘贴到通道"蓝"。再选择回通道 RGB，激活原色通道显示，如图 B06-117 所示。

图 B06-117

06 在图层列表中复制图层"调色",将新图层命名为"柔光图层",再将其【混合模式】调整为柔光,如图 B06-118 所示。完成所有操作,最终效果如图 B06-119 所示。

图 B06-118

图 B06-119

B06.12　作业练习——波普风格的机器人

本作业原图和完成效果参考如图 B06-120 所示。

(a) 原图

素材作者: qgadrian

(b) 完成效果参考

图 B06-120

作业思路

通过【曲线】图层调整颜色的翻转,再添加【径向模糊】,利用【混合模式】实现发光效果,注意合理调整颜色与模糊程度。

主要技术

1. 创建调整图层。
2.【调整曲线】。
3.【径向模糊】。
4.【混合模式】。

B06.13　作业练习——把皮肤调得更红润

本作业原图和完成效果参考如图 B06-121 所示。

素材作者：longleanna

(a) 原图　　　　　　　　　　　　　　(b) 完成效果参考

图 B06-121

作业思路

通过【通道混合器】调整图层调整输出通道"红"，增强肤色；再通过【选取颜色】调整图层微调环境颜色。

主要技术

1. 创建调整图层。

2.【通道混合器】。

3.【选取颜色】。

 读书笔记

B07.1 综合案例——制作动态表盘

本综合案例完成效果参考如图 B07-1 所示。

素材作者：OpenClipart-Vectors

图 B07-1

操作步骤

01 打开本课配套素材"表盘"，按 Ctrl+Shift+N 快捷键新建一个图层，命名为"表针"，使用【矩形工具】▢的【形状】模式，在选项栏中设置【填充】的色值为 R：223、G：223、B：223，【描边】为无，按住 Shift 键绘制一个正方形，按 Ctrl+T 快捷键进行自由变换，在选项栏中将【旋转角度】调整为 45 度，如图 B07-2 所示。

02 在图层列表中右击图层"表针"，选择【转换为智能对象】选项，按 Ctrl+T 快捷键进行自由变换，按住 Shift 键将图形纵向压缩后将图层"表针"居中，如图 B07-3 所示。

图 B07-2　　　　　　　　　　　　图 B07-3

03 选择图层"表针"，单击图层列表下方的【添加图层蒙版】▢按钮，选择蒙版，将前景色设置为黑色，使用【多边形套索工具】♦和【椭圆选框工具】○绘制选区并填充黑色，制作表针的形状，如图 B07-4 所示。

图 B07-4

04 双击图层"表针"打开【图层样式】对话框，选中并打开【投影】选项卡，设置【颜色】为黑色，【不透明度】为63%，【角度】为119度，【距离】为34像素，【扩展】为100%，【大小】为0像素，如图 B07-5所示，此时效果如图 B07-6 所示。

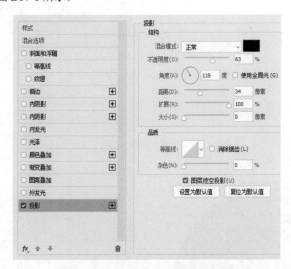

图 B07-5

图 B07-6

05 新建一个图层，命名为"环形灯"，使用【椭圆工具】○的【形状】模式，在选项栏中设置【填充】为无，【描边】大小为45像素，【描边】样式为外描边，按住 Shift 键绘制一个圆环，如图 B07-7 所示。

图 B07-7

06 使用【添加锚点工具】对圆环添加锚点，如图 B07-8所示。

图 B07-8

07 使用【直接选择工具】选中圆环中最下方的锚点，按 Delete 键将其删除，如图 B07-9 所示。

图 B07-9

08 双击图层"环形灯"打开【图层样式】对话框，选中并打开【渐变叠加】选项卡，调整渐变条，0%～74%的色标色值为R：139、G：139、B：139，74%～83%的色标色值为R：255、G：0、B：162，83%～89%的色标为红色，89%～95%的色标为黄色，95%～100%的色标色值为R：60、G：255、B：0，如图B07-10所示。单击【确定】按钮返回【渐变叠加】选项卡，将【样式】调整为角度，【角度】为-55度，如图B07-11所示，此时效果如图B07-12所示。

09 执行【窗口】-【时间轴】菜单命令，打开【时间轴】面板，单击【创建视频时间轴】按钮，如图B07-13所示。

图 B07-10

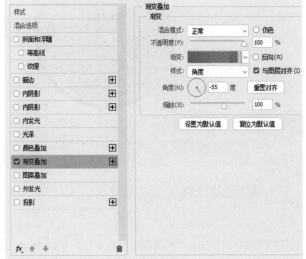

图 B07-11

图 B07-12

图 B07-13

10 在【时间轴】面板中将所有图层的时长调整至2:00f，如图B07-14所示。

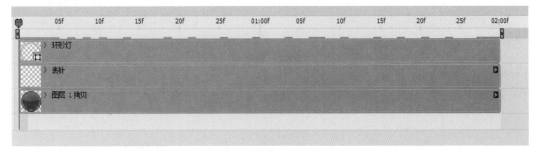

图 B07-14

⑪ 选择图层"表针"，按 Ctrl+T 快捷键进行自由变换，将表针指向左下角的起始点后，单击图层"表针"中的【变换】秒表创建关键帧，如图 B07-15 所示。

⑫ 将滑杆拖曳至 0:00:00:15 处，将表针指向正上方，单击 ◦ 按钮添加关键帧，如图 B07-16 所示。

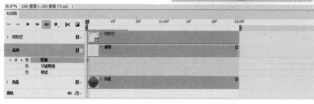

图 B07-15　　　　　　　　　　　　　　　　　　　　图 B07-16

⑬ 使用相同的方法将指针指向表盘的结束点，在 0:00:01:00 处再次创建一个关键帧，如图 B07-17 所示。

⑭ 双击图层"环形灯"，在【图层样式】对话框中将【渐变叠加】的【角度】调整为 -133 度，将滑杆拖曳至 0:00:00:06 后单击【时间轴】面板中【样式】前面的 ◦ 按钮创建关键帧，如图 B07-18 所示。

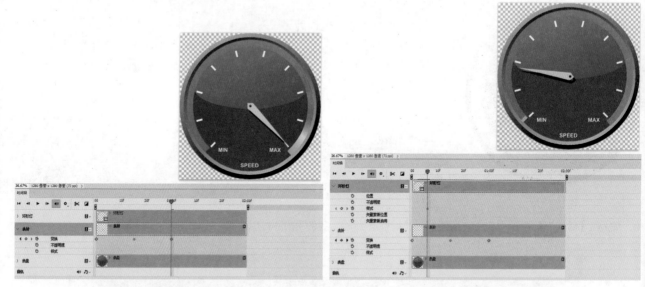

图 B07-17　　　　　　　　　　　　　　　　　　　　图 B07-18

⑮ 使用同样的方法，将【渐变角度】调整为 90 度后在 0:00:00:22 处创建关键帧，如图 B07-19 所示。

⑯ 将【渐变角度】调整为 -55 度后在 0:00:01:06 处创建关键帧，如图 B07-20 所示。

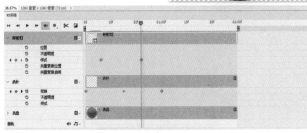

图 B07-19

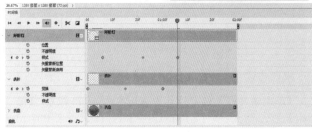

图 B07-20

⑰ 单击播放按钮查看动画效果，得到满意的效果后，按 Ctrl+Shift+Alt+S 快捷键将其存储为 GIF 格式的动态图片，如图 B07-21 所示。

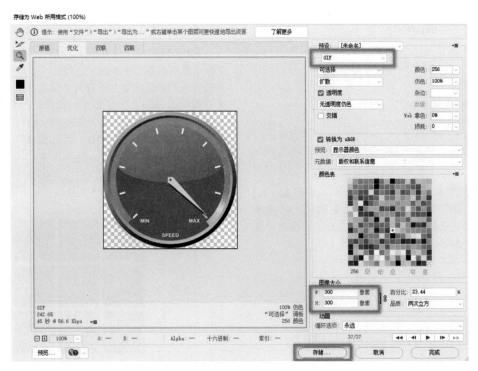

图 B07-21

B07.2　综合案例——制作立体魔方

本综合案例完成效果参考如图 B07-22 所示。

图 B07-22

操作步骤

01 新建文档，设定尺寸为 900 像素 ×900 像素，【分辨率】为 72 像素 / 英寸，【背景内容】为白色，如图 B07-23 所示。

图 B07-23

02 使用【矩形工具】□的【形状】模式，调整【颜色】的色值为 R：46、G：73、B：209，【描边】为无，在背景图层中绘制一个 150 像素 ×150 像素的正方形，将图层命名为 "1"，如图 B07-24 所示。

图 B07-24

03 按住 Alt 键水平向右拖曳 8 个像素复制出第二个正方形，将复制出的图层命名为 "2"；再按住 Alt 键水平向右拖曳 8 个像素复制出第三个正方形，将复制出的图层命名为 "3"。在图层列表中选择图层 "1""2""3"，按 Ctrl+E 快捷键合并图层，将新图层命名为 "长方形 1"，如图 B07-25 所示。

图 B07-25

04 选择图层 "长方形 1"，按住 Alt 键垂直向上拖曳 8 个像素复制出第二个长方形，将新图层命名为 "长方形 2"；再按住 Alt 键垂直向上拖曳 8 个像素复制出第三个长方形，将新图层命名为 "长方形 3"。在图层列表中选择图层 "长方形 1""长方形 2""长方形 3"，按 Ctrl+E 快捷键合并图层，将新图层命名为 "魔方平面 1"，如图 B07-26 所示。

图 B07-26

05 在图层列表中右击图层 "魔方平面 1"，选择【从所选图层新建 3D 模型】选项，在 3D 面板中选择 "魔方平面 1"，调整【凸出深度】为 55 像素，如图 B07-27 所示，效果如图 B07-28 所示。

图 B07-27

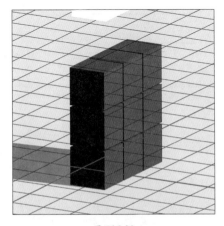

图 B07-28

06 在图层列表中选择图层"魔方平面 1",连按 Ctrl+J 快捷键复制两层,分别命名为"魔方平面 2"和"魔方平面 3";选择图层"魔方平面 1""魔方平面 2""魔方平面 3",按 Ctrl+E 快捷键合并图层,将新图层命名为"魔方",如图 B07-29 所示。

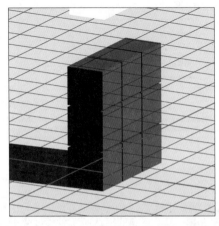

图 B07-29

07 在 3D 面板中单击【当前视图】,在【属性】面板中调整【视图】为俯视图,如图 B07-30 所示;在选项栏中使

用【拖动 3D 对象】 ⬤ 将复制出的"魔方平面 2""魔方平面 3"与"魔方平面 1"对齐,如图 B07-31 所示。接着调整【视图】为左视图,同样将它们对齐。

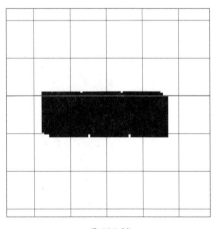

图 B07-30

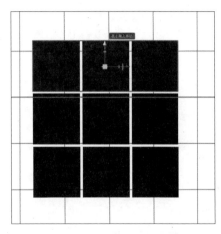

图 B07-31

08 在【属性】面板中调整【视图】为默认视图,在选项栏中使用【环绕移动 3D 相机】 ⬤ 调整角度,如图 B07-32 所示。

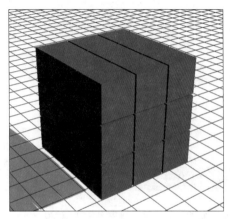

图 B07-32

09 在 3D 面板中选择【场景】，在【属性】面板里调整【表面】为 Normals，如图 B07-33 所示。这样立体魔方就制作完成了，如图 B07-34 所示。

图 B07-33

图 B07-34

10 可以变换立体魔方的颜色。执行【图像】-【调整】-【色相/饱和度】菜单命令，在【色相/饱和度】面板上调整【色相】即可自由变换颜色，如图 B07-35 ～图 B07-37 所示。

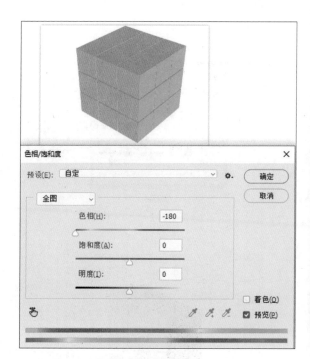

图 B07-36

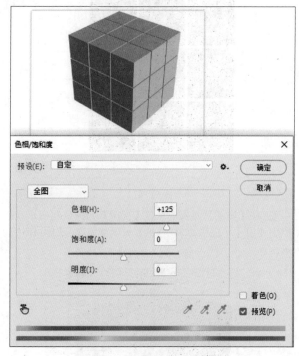

图 B07-35

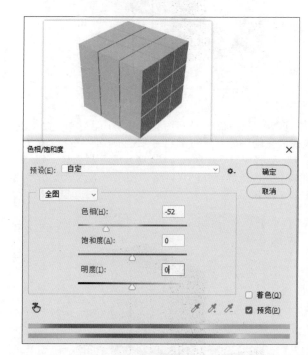

图 B07-37

B07.3　综合案例——星际迷航效果

本综合案例原图与完成效果参考如图 B07-38 所示。

素材作者：PublicDomainPictures、Janson_G

(a) 原图

(b) 完成效果参考

图 B07-38

操作步骤

01 打开本课配套素材"旋转的虫洞"，执行【3D】-【从图层新建网格】-【深度映射到】-【平面】菜单命令，以图层建立 3D 模型，如图 B07-39 所示。

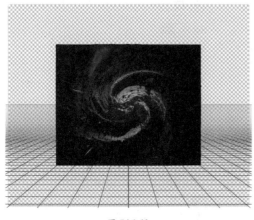

图 B07-39

02 在 3D 面板中双击【场景】，在【属性】面板中将【样式】调整为 Unlit Texture，如图 B07-40、图 B07-41 所示，效果如图 B07-42 所示。

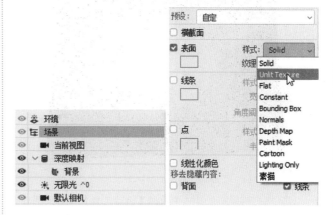

图 B07-40   图 B07-41

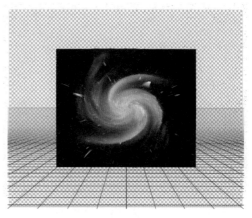

图 B07-42

03 拖曳鼠标将 3D 模型的视角转向背面，调整至合适的角度，如图 B07-43 所示。

图 B07-43

04 在图层列表中右击当前图层，选择【转换为智能对象】选项将 3D 模型转换为平面，如图 B07-44 所示。

图 B07-44

05 按 C 键或在工具栏中选择【裁剪工具】🔲 裁剪图像，如图 B07-45 所示。

图 B07-45

06 执行【图像】-【调整】-【可选颜色】菜单命令，选择【颜色】为红色，将【青色】调整为 -41%，【洋红】为 -8%，如图 B07-46 所示；选择【颜色】为青色，将【洋红】调整为 -34%，如图 B07-47 所示；选择【颜色】为洋红，将【青色】调整为 -77%，【洋红】为 +11%，如图 B07-48 所示。此时效果如图 B07-49 所示。

图 B07-48

图 B07-49

07 执行【图像】-【调整】-【曲线】菜单命令，调整曲线的形状如图 B07-50 所示，效果如图 B07-51 所示。

08 打开本课配套素材"迷失的飞船"，按 Ctrl+T 快捷键进行自由变换，调整其位置。这样星际迷航效果就制作完成了，如图 B07-52 所示。

图 B07-46   图 B07-47

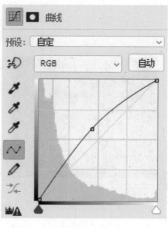

图 B07-50

图 B07-51

图 B07-52

　　恭喜！至此你已经学完了本书的全部内容，掌握了Photoshop软件。但只是掌握软件还远远不够，对于行业要求而言，软件是敲门砖，作品才是硬通货，作品的质量水平决定了创作者的层次和收益。扫码进入清大文森学堂-设计学堂，可以了解更进一步的课程和培训，距离成为卓越设计师更近一步。

扫码了解详情